AF602399

CONDITIONS DE LA VENTE

Elle sera faite au comptant.

Les adjudicataires payeront cinq pour cent en sus des enchères, applicables aux frais.

CATALOGUE

D'UNE

COLLECTION DE MÉDAILLES

DES XVe, XVIe ET XVIIe SIÈCLES

EN ARGENT ET EN BRONZE

DE MONNAIES FRANÇAISES ET ÉTRANGÈRES

EN OR, ARGENT ET BRONZE

DE JETONS EN ARGENT ET EN BRONZE

Provenant de feu **M. LAYÉ**

DONT LA VENTE AURA LIEU

HOTEL DES COMMISSAIRES-PRISEURS

Rue Rossini, 6

SALLE N° 3, AU Ier ÉTAGE

Le lundi 22 avril et jours suivants, à une heure

Par le ministère de Me **BOUSSATON**, Commissaire-Priseur à Paris
43, rue des Petites-Écuries

ASSISTÉ DE

MM. **ROLLIN** et **FEUARDENT**, Experts, 12, rue Vivienne.

EXPOSITION PUBLIQUE

Le dimanche 21 avril 1861, de une heure à cinq heures.

PARIS. — IMPRIMERIE J. CLAYE
RUE SAINT-BENOIT, 7

1861

CATALOGUE

DE

MÉDAILLES, MONNAIES

ET JETONS

MÉDAILLES FRANÇAISES

DES XVe, XVIe ET XVIIe SIÈCLES.

1. **Louis XII et Anne de Bretagne**. Buste du roi dans un champ semé de fleurs de lis. R. Buste de la duchesse dans un champ semé de fleurs de lis et d'hermines. Diamètre, 4 c.
2. **François Ier**. Buste du roi avec un petit chapeau relevé. FRANCISCUS. I. D. FRANCOR. REX. R. Lisse. D. 7 c.
3. **François Ier**. Buste lauré et cuirassé à g. R. Lisse. D. 11 c.
4. **François Ier**. Buste lauré et cuirassé. Sans revers. D. 7 c.
5. **François de Valois, comte d'Angolesme**. AU. X. AN. D. S. E. A. Buste jeune à d. R. NUTRISCO. ALBUONO. STINGO. ELREO. MCCCCCIIII. Salamandre. A. R. D. 6 c. 1/2.
6. **François Ier**. Buste de face. R. Salamandre, au-dessus une couronne. D. 4 c.
7. **François Ier**. Buste de face. R. Lisse. D. 4 c.
8. **Henri II**. Buste avec un petit chapeau. Le buste est cuirassé à g., dessous 1555, très-beau style. Étain. D. 9 c.
9. **Henri II**. Buste lauré à d. R. Deux armées en présence. Victoire volant à d., et portant une couronne. D. 5 c.
10. **Henri II**. Buste lauré à d. R. RESTITUTA. REP. SENENSI. LIBERTATIS. OBSID. ETC. Dans une couronne. D. 5 c.
11. **Henri II**. Buste lauré et cuirassé à d. R. La Victoire dans un quadrige conduisant la Fortune et la Renommée. D. 5 c.

12. **Henri II, Charles-Quint, Maximilien et Ferdinand.** Leurs quatre bustes accolés. R. Lisse.

13. **Charles IX.** Buste habillé de trois quarts avec un petit chapeau. R. Lisse. D. 15 c.

14. **Catherine de Médicis.** Buste de trois quarts. R. Lisse. D. 15 c.

15. **Charles IX.** Buste lauré. R. Buste de sa femme Élisabeth d'Autriche. D. 5 c.

16. **Charles IX.** Buste cuirassé et lauré. R. ADVENTUS. LUT. 1571. Arrivée du roi à Paris. D. 3 c.

17. **Charles IX.** Buste cuirassé du roi. R. Buste en regard d'**Henri II** et de **Catherine.** D. 3 c.

18. Même tête et même revers.

19. **Henri de Valois,** fils de Charles IX. R. RARA CINERE RARUS. Un phénix. D. 4 c.

20. **Henri III.** Buste de trois quarts du roi avec un chapeau à plumes. R. Lisse. D. 15 c.

21. **Henri III,** créant un chevalier de l'ordre du Saint-Esprit. Cliché. D. 14 c.

22. **Henri III.** Buste lauré à d. R. MANET ULTIMA RATIO. Trois couronnes. D. 3 c.

23. **Henri III.** Buste lauré à d. R. Deux armées en présence et formant une alliance. D. 4 c. 1/2.

24. **Henri III.** Buste du roi de face dans une couronne. Médaille ovale. Sans revers. D. 9 c.

25. **Henri III.** Buste lauré à d. R. G. B. PIIS MANIBUS DOMINI SUI 1627. Deux prêtres devant le tombeau d'Henri III. 2 p. D. 3 c.

26. **Henri IV.** Son buste de face accolé à celui de sa femme de profil, 1605. Sans revers. D. 19 c.

27. **Henri IV.** PROPAGO IMPERII. Henri IV et Marie de Médicis se donnant la main. Plomb. D. 19 c.

28. **Henri IV.** Son buste lauré à d. 1506. Sans revers. Bronze doré. D. 13 c.

29. **Henri IV.** Son buste à g., avec un casque à grand panache. Bronze doré, avec un nœud sculpté. Ovale. D. 18 c.

30. **Marie de Médicis.** Son buste avec une grande collerette. R. Lisse. D. 10 c.

31. **Henri IV.** Son buste de face avec l'ordre du Saint-Esprit. R. Lisse. D. 10 c.

32. **Henri IV.** Buste casqué; sur le casque un sphinx. R. Henri IV en Hercule, casqué, tuant un centaure. Ovale. D. 9 c.

33. **Henri IV** et sa femme. Leurs bustes accolés. R. Henri IV et Marie de Médicis se donnant la main. A leurs pieds, l'Amour; au-dessus, aigle apportant une couronne. D. 7 c.

34. **Marie de Médicis.** Son buste avec la collerette à d. R. La reine entourée de nymphes dans un vaisseau. D. 6 c. 1/2.

35. **Marguerite de Valois.** Buste à d. R. ELLE BRILLE AU MILIEU DES LIS ET DES LAURIERS. MDCCXVIII. Des lauriers et des lis dans un champ. 2 p. D. 5 c.

36. **Marguerite de Valois.** Buste à d. 1594. R. REGIT VIRTUTIBUS ORBEM. Victoire sur un globe entre une massue et un caducée. Argent. D. 5 c.

37. **Marie de Médicis.** Son buste à d. R. LAETA DEUM PARTU. Cybèle au milieu des dieux de l'Olympe. D. 5 c.

38. **Marie de Médicis.** Son buste à d. R. DUM FLORENT CRESCUNT. Écusson formé des armes de France et de Médicis. D. 5 c.

39. **Henri IV.** Buste à d. R. DISCUTIT UT CŒLO PHOEBUS. Un laboureur au milieu des champs. D. 4 c. 1/2.

40. **Henri IV.** Buste à d. R. PACE TERRA MARIQUE PARTA. La Paix debout sacrifiant. D. 4 c.

41. **Henri IV.** Buste à d. R. Buste à g. de Marie de Médicis. D. 4 c.

42. **Antoine, roi de Navarre.** Son buste à d. R. REX CONSERVATOR. La Providence relevant une femme. D. 3 c.

43. **Henri IV.** Son buste lauré. R. Lisse. D. 3 c.

44. **Henri IV.** R. VICTORIA IVRIACA. Trophée à l'occasion de la bataille d'Ivry. D. 4 c.

45. **Marie de Médicis.** Son buste à d. R. GALLIA STABILITATA. La France assise; à ses côtés, le clergé et l'armée.

46. **Henri IV.** Buste à d. R. 1591. La monnaie de Chalons-sur-Marne. CATHALAUNENSIS FIDEI MONUMENTUM. D. 3 c.

47. **Louis XIII.** Buste lauré à d. R. TANDEM VICTA SEQUOR. La Renommée dans un char conduisant le roi couronné par une Victoire. D. 7 c.

48. Médaille semblable, mais sans revers. D. 7 c.

49. **Louis XIII.** Buste lauré à d. R. ABSQUE TUIS STARET INANIS AQUIS. Vaisseau à la voile. D. 5 c.

50. **Louis XIII.** Buste à d. R. CONSILIO CŒLIQUE FIDEM, ETC. Une balance entourée d'étoiles. 1635. D. 6 c.

51. **Louis XIII.** Buste à d. R. UT GENTES TOLLATQUE PREMATQUE 1626. La Justice assise tenant une épée et une balance. D. 6 c.

52. **Louis XIII.** Buste à d. R. D. O. M. S. LUDOVICO, etc. Inscription en dix lignes dans le champ. D. 5 c.

53. **Louis XIII.** Buste jeune à d. R. EVERTIT ET ÆQUAT 1617. Un pont. D. 5 c.

54. **Louis XIII.** Buste jeune. R. FOEDUS PACIS MEÆ NON MOVEBITUR. MDCXIII. Un rocher. D. 4 c.

55. **Louis XIII.** Buste avec arc et carquois. R. SIC CONTERET HOSTES CIƆIƆCXVII. Apollon tuant le serpent Python. D. 4 c.

56. **Louis XIII.** Buste jeune à d. R. DAT PACATUM OMNIBUS ÆTHER. 1613. Junon sur un nuage. D. 3 c.

57. **Louis XIII.** Bustê jeune. R. FRANCIS DATA MUNERA CŒLI. 1610. Main tenant la sainte ampoule. D. 4 c.

58. **Louis XIII.** Buste jeune à d. R. Marie de Médicis debout et Louis XIII tenant le globe du monde. Médaille ovale. D. 5 c.

59. **Louis XIII.** Buste à d. R. NON MARE NON MONTES FAMAM, etc. Hercule vainqueur debout la massue sur l'épaule. D. 4 c.

60. **Louis XIII.** Buste jeune à g. R. SPES PUBLICA. L'espérance debout.

61. **Anne d'Autriche.** Buste à d. ; dessous G. DUPRÉ. 1610. D. 6 c.

62. Buste de **saint Louis** tenant un sceptre. R. Le Val-de-Grâce. D. 6 c.

63. **Anne.** Buste à d. R. Lisse. Médaille en fer. D. 6 c.

64. **Anne d'Autriche** tenant dans ses bras Louis XIV enfant. Sans revers. D. 9 c.

5. Médaille semblable. Au revers, le Val-de-Grâce. D. 9 c.

66. Têtes accolées de **Louis XIV** et **Anne**. R. HÆC SOLEM PRÆVIA DUCIT. Char du soleil. D. 5 c.

67. Buste d'**Anne**. R. Buste de Louis XIV enfant. WARIN, 1643. D. 5 c.

68. **Louis XIV**. Tête à d. A BENOIST F. 1704. R. Lisse. En fer. D. 8 c.

69. **Louis XIV**. R. TRAJECTU AD MOSAM EXPUGNATO. Le génie de la guerre renversant l'urne de la Meuse. D. 7 c.

70. **Louis XIV**. Buste lauré en empereur romain à d. Sans revers. D. 10 c.

71. **Louis**, dauphin, fils de Louis XIV. Son buste à d. R. F. CHERON. D. 7 c.

72. **Louis XIV**. Buste à d. R. DISCIPLINA MILITUM RESTITUTA. Soldats faisant l'exercice. D. 6 c.

73. **Louis XIV**. Buste à d. R. LUTETIA FELIX. La ville de Paris offrant des fruits à Louis XIV. D. 6 c. 1/2.

74. **Louis XIV**. Buste à d. R. FŒDERE HELVETICO INSTAURATO. Louis XIV recevant les envoyés suisses. D. 5 c.

75. **Louis XIV**. Buste à d. R. EXPORTATA DIU POPULIS COMMERCIA PANDIT. Vue d'un port de mer. 2 p. D. 5 c.

76. **Louis XIV**. Buste à g.; derrière, un trident. R. QUAS CONDIDIT ERUIT ARCES. Neptune sur son char renversant des fortifications. D. 5 c.

77. **Louis XIV**. Buste à d. R. SIC ITUR AD ASTRA. Un monument. D. 5 c.

78. **Louis XIV**. Buste à d. Même revers. D. 5 c.

79. **Louis XIV**. CIVITAS BURDIGALA OPTIMO PRINCIPI. Statue équestre de Louis XIV. D. 6 c.

80. **Louis XIV**. LUDOVICUS MAGNUS, REX CHRISTIANISSIMUS. Louis XIV à cheval. R. Une Victoire et la Religion debout.

81. **Marie-Thérèse**. Buste de la reine à d. R. CÆSARUM NEPTIS, etc., gravée par Bertinet, 1683. D. 9 c.

82. Buste de **Marie-Thérèse**. R. Buste de Louis XIV. D. 3 c.

83. **Louis XIV**. Buste à d. R. RHENO BATAVISQUE, etc. Le Rhin couché. 1672. D. 5 c.

84. **Louis XV**. Buste à d. Sans revers. D. 9 c.

85. **Louise, duchesse de Valois**, comtesse d'Angoulesme. Tête voilée à d. R. Marguerite, fille de Charles, comte d'Angoulesme. Tête voilée à d. D. 6 c.

86. **Anthoine de Lorraine**. Tête à d. avec le béret. R. René, duchesse de Lorraine. Tête à g. D. 3 c.

87. **Charles, fils de France**, comte d'Artois. Le prince à cheval. R. Lisse. Plomb. D. 11 c.

88. **R. B. cardinal Cancellarius**. 1580. Sa tête à d. R. ARS. IN. GUBERNAT. Un sceptre et une épée en sautoir sur une base. D. 3 c. 1/2.

89. **Nicolas de Bailleul**. Buste à d. R. ÆTERNA PROEBET LUTETIA FONTES. Rivière couchée. D. 5 c.

90. **Carolus Balsacius Entragus**. Buste à d. R. Lisse. D. 6 c.

91. **Alexandre de Bourbon**, comte de Toulouse. Le comte armé de toutes pièces, à cheval. R. Lisse. D. 9 c.

92. **Bassompierre.** Buste à d. R. QUOD NEQUEUNT TOT SIDERA PRÆSTAT. Une tour au milieu des flots. D. 5 c.

93. **Marguerite Bellet.** Buste à d. Sans revers. D. 9 c.

94. **Pompone de Beliévre.** 1601. Buste à g. R. COLIT HANC RIGIDE MODERATUR ET ISTAM. La Piété et l'Équité debout. D. 5 c.

95. **Pompone de Beliévre**. Buste à d. R. DISCUTIT UT COELO PHOEBUS, ETC. Le Soleil dissipant les nuages. D. 4 c.

96. **Pompone de Beliévre.** Buste à d. R. Pareil au précédent. D. 3 c.

97. **Joannes Bernard eques**. Buste à d. R. ALDERMANUS CIVITATIS LONDINI MDCCXLIV. Dans un cercle fleuronné. D. 5 c.

98. **Cardinal de Berville.** Buste à d. R. UNA MIHI COELO REQUIES. Flammes volant dans les airs. D. 5 c.

99. **Édouard Bouchardon.** Tête nue à d. R. PH. BARO DE STOSCH. ETC. Dans le champ. D. 7 c.

100. **Jacques Boiceau**, seigneur de La Barauderie. Buste à d. R. NATUS HUMI POST OPUS ASTR PETO. Papillons volant au-dessus d'une ville. D. 7 c.

101. **Jacques Boiceau.** Buste à d. dessous 1630. R. HIC LABOR INDE FAVOR. L'Agriculture debout. D. 5 c.

102. **Louis de Boucherat.** La Justice et la Bienfaisance debout. D. 4 c.

103. **Louis-Henri de Bourbon.** Buste à g. R. La Foi et la Sagesse debout. D. 6 c.

104. **Pierre Briconnet.** Buste à d. R. DITAT SERVATA FIDES. Deux Amours tenant une corne d'abondance. D. 6 c.

105. **Nicolas Brulart.** R. Lisse. Méd. ovale. D. 6 c.

106. **Jean Calvin.** Buste à d. R. DOCTRINA, VIRTUS HOMINES POST FUNERA CLARAT. La Renommée debout. D. 5 c.

107. **Louis-François Lefèvre de Caumartin.** Buste à d. R. ÆQUI VINDEX CERTUS AMICIS. Arc de triomphe. D. 8 c.

108. **Louis-François Lefèvre de Caumartin.** Buste à d. R. HIC PIETAS HIC PRISCA FIDES. 1622. Temple rond dans lequel se trouve la statue de l'Équité. D. 8 c.

109. **Michel de Saint-Martin.** Buste à d. R. Lisse. D. 8 c.

110. **Mathieu Chapuis**, de Lyon. Warin, 1651. Buste à d. Sans revers. D. 10 c.

111. **Charles III, duc de Lorraine.** Buste à d. Sans revers. D. 6 c.

112. **Charles IV, de Lorraine**. R. Main sortant d'un nuage, tenant une épée, armes de Lorraine. Méd. ovale. D. 4 c.

113. **Jean-Jacques Chifflet.** Buste à g. R. AVIA PERAGRO LOCA. Écusson avec deux béliers pour supports. Argent. D. 5 c.

114. **Colbert.** Buste à d. R. La Foi et la Prudence couronnant une urne funéraire. D. 8 c.

115. **Louis, duc de Bourbon, prince de Condé.** Buste à d. R. PATRIÆ VIAM MONSTRANTE. Une armée passant sous un arc de triomphe. D. 7 c.

116. **Louis, duc de Bourbon, prince de Condé**. Buste à d. R. Lisse. D. 7 c.

117. **Eustache Cossart.** Son buste à d. R. Lisse. D. 4 c.

118. **Madeleine** de Créquy. Buste à d. R. Warin, 1651. Sans revers. D. 10 c.

119. **Catherine de Bonne.** Buste à d. Sans revers. D. 10 c.

120. **Anne de Maures**. Buste à d. Sans revers. D. 10 c.

121. **François Desdiguières**. Buste à d. R. GRADIENDO BORE FLORET. Écusson. D. 4 c.

122. **François Desdiguières.** Buste à g. R. IN ÆTERNUM M. D. C. Deux mains jointes. D. 5 c.

123. **Lavalette d'Espernon.** Buste à g. R. ADVERSIS CLARIUS. POL. 1606. F. Un rocher exposé à tous les vents. D. 5 c.

124. **Lavalette d'Espernon.** Buste à d. R. INTACTUS UTRINQUE. L'Envie attaquant un lion. D. 5 c.

125. **Durfé, duchesse de Croy.** Buste à d. R. CONCUTIOR UNDIOVE FRUSTRA P. GORET. Les Vents soufflant sur un triangle. D. 4 c.

126. **Claude Expilly.** Buste à d. Dessous, DUPRÉ, 1616. R. NEC GEMERE CESSABIT. Un corbeau sur un arbre dépouillé de ses feuilles. 2 p. D. 4 c.

127. **Claude Expilly.** Buste de trois quarts. Dessous, OLTER. R. Semblable au précédent, mais varié. D. 4 c.

128. **Charles Faye,** abbé de Saint-Funien. Buste à g. R. JURIS ÆNIGMATA, ETC. L'Équité consultant le Sphinx. D. 5 c.

129. Médaille frappée pour la fondation, par Henri III, d'un collége de la Société de Jésus. Dans le champ le monogramme du Christ. R. Écusson. 1599. D. 7 c.

130. **De Fontenelle.** Buste à g. R. LES GRACES, APOLLON, MINERVE L'ONT FORMÉ. Ces divinités entourant Fontenelle assis. D. 5 c.

131. **Nicole-Joseph Foucault.** Buste à d. R. RESTITUT. RELIG. IN BENEARNIA, 1685. Le peuple se rendant au temple. D. 6 c.

132. **Gaspard Monco Liergue,** chancelier à Lyon. Buste à d. Sans revers. Gravé par Warin. D. 10 c.

133. **Charles Grolier,** prévost des marchands, à Lyon. Buste à d. Sans revers. D. 10 c.

134. **Pierre Cyron**. Buste à d. R. PRIMUS ET IRE VIAM. Cheval au galop. D. 4 c.

135. **Philippe d'Orléans, comte de Soissons et du Vermandois.**. Le prince, à cheval. Gravé par Lorthior en 1782. Plomb. D. 12 c.

136. **Pierre Jeannin.** Son buste à d. Dessous, G. DUPRÉ F. 1618. Sans revers. D. 19 c.

137. **Pierre Jeannin.** Sans légende. Buste de Jeannin à d. Sans revers. D. 4 c.

138. **Guillaume de Lamoignon.** Buste à d. T. BERNARD. F. R. La Piété assise devant une grue. AN. MDCLXXIX. D. 6 c.

139. **Ant. de La Porte.** Buste à g. R. SICUT OLIVA FRUGIFERA IN DOMO DEI. Un olivier. 1710. D. 4 c.

140. **Charles de Laubespine.** Buste à g. R. HOC MONUMENTUM DABIT NOMEN ÆTERNUM. L'Équité assise, Mercure et d'autres divinités. D. 9 c.

141. **Laurent Berninus.** Buste à d. Dessous, F. CHÉRON, 1674. R. SINGULARIS IN SINGULIS, ETC. Les Sciences et les Arts réunis. D. 7 c.

142. **De Lautrec.** Buste de trois quarts. R. La Force, la Prudence et l'Équité debout. 2 p. D. 6 c.

143. **Marin le Bourgeois.** Buste à g. Dessous, PIGLO F. Méd. ovale. Sans revers. D. 10 c.

144. **Charles Lebrun**, peintre du roi. R. HÆ TIBI ERUNT ARTES. Vase, buste, chapiteau de colonne, ETC. D. 5 c.

145. **Michel Letellier.** Buste à d. dans une couronne. R. Des armoiries gravées en creux. ILLIUS SPLENDORE MICANT. D. 12 c.

146. **Michel Letellier.** Buste à d. Dessous, T. BERNARD F. R. FILIORUM PIETAS. Minerve, la Piété et la Justice. 1684. D. 8 c.

147. **Michel Letellier.** Buste à d. R. La Vérité debout et la Justice assise. 1679. D. 6 c.

148. **Michel Letellier.** Buste à d. R. Lisse. Fer. D. 6 c.

149. **De Lhospital.** Buste à g. R. IMPAVIDUM FERIENT RUINÆ. Une tour au milieu des flots. D. 3 c.

150. **Ant. de Lomenie.** Buste à d. Dessous, MDCXXX. R. SIC TE REX SEQUEBAR. Char du Soleil et Mercure. D. 5 c.

151. **Ch. de Lormes.** Buste à d. Sans revers. Méd. ovale. D. 5 c.

152. **Henri, duc de Lorraine.** Buste à d. N. BRIOT. F. R. Mains de justice et épée en sautoir. Méd. ovale. D. 4 c.

153. **Louvois.** Buste de trois quarts. R. AD NUTUM REGIS. La Providence debout, 1691. D. 6 c.

154. **Jean Lhuillier.** Buste à d. R. OMNIA TUTA VIDES. Figure à genoux, présentant un rameau à un cavalier, 1594. D. 5 c.

155. **Nicolas Malegrassi**, évêque d'Uzès. Buste à d. R. IN UMBRA MANUS SUE PROTEXIT ME DNS. Armoirie. D. 8 c.

156. **H. de Maleyssye de Pignerol.** Buste, dessous G. DUPRÉ, 1811. R. FIDA FORTITUDINE. Un temple. D. 11 c.

157. **Mazarin.** Buste à d. R. NUNC ORBI SERVIRE LABOR. Deux armées en présence. D. 5 c.

158. **Mazarin.** Buste à d. WARIN, 1610. R. Lisse, plomb. D. 10 c.

159. **De Maintenon.** Buste de trois quarts. R. Lisse. D. 6 c.

160. **Pierre de Maridat.** Buste à d. Sans revers. D. 5 c.

161. **François Miron.** Buste de face. R. FR. MIRON, CONSEIL. D'ESTAT, etc., 1605, dans le champ. D. 4 c.

162. **Jean-Bapt. Molière.** Buste de trois quarts. R. SUR MENANDRE ET SUR PLAUTE IL EMPORTE LE PRIX. La Comédie tenant une couronne. D. 6 c.

163. **Anne de Montmorency.** Buste à g. R. Les trois Grâces debout avec divers attributs. 2 p. D. 5 c.

164. **Jean Morel.** Buste à d. R. ROS AONIUS MEL. LENE. Une fontaine et une ruche. D. 7 c.

165. **Guillaume de Nermond.** Buste à d. R. PIETATE JUSTI, etc. Un tombeau. D. 7 c.

166. **Ant. Oudart de La Motte.** Buste à d., dessous T. CURÉ F. R. LA MORT ASSURE MON TRIOMPHE. Le Génie de la musique sortant d'un tombeau.

167. **Nicolas de Neufville.** Buste à d., dessous WARIN, 1651. Sans revers. D. 10 c.

168. **Camille de Neufville.** Pièce semblable à la précédente et de la même année. Elle est de Camille de Neufville, et également de Lyon. D. 10 c.

169. **Charles duc de Nevers et de Rhetel.** Buste à d. Sans revers. D. 5 c.

170. **Charles duc de Nevers et de Rhetel**. Pièce semblable. R. NEC RETRO GRADIOR NEC DEVIO. Le Soleil éclairant le globe. D. 5 c.

171. **Antoine Perrenot**. Buste à g. R. DURATE. Ulysse attaché à son mât, passant devant les Syrènes. D. 8 c.

172. **Antoine Perrenot**. Buste à g. R. DURATE. Ulysse passant devant le monstre Scylla. D. 5 c.

173. **Comte de Maurepas**. Buste à d., dessous N. M. GATTEAUX F. R. Lisse, plomb. D. 6 c.

174. **Hugues de Pomey, seigneur de Rochefort**. Buste à d., dessous BIDEAU F. 1662. Sans revers. D. 11 c.

175. **Louis Prevost**. Buste à d., dessous MIVIOU. R. L'Amour éteignant un flambeau. D. 6 c.

176. **Louis Prevost**. Buste à d., dessous DELAHAYE. R. POST FUNERA VIVET. Un phénix sortant des flammes. D. 6 c.

177. **Louis-Stanislas, comte de Provence**. Le comte armé à cheval, sautant par-dessus des armes. Sans revers. D. 11 c.

178. **Jean Racine**. Buste de trois quarts, dessous CATON F. R. DE L'AMOUR IL DÉPEINT LES TRAGIQUES DOULEURS. La Tragédie debout, à ses pieds l'Amour. D. 6 c.

179. **Paschasius Quesnel**. Buste à d. R. Un livre ouvert sur lequel on lit : RÉFLEXIONS MORALES SUR LE NOUVEAU TESTAM. D. 4 c.

180. **Cardinal de Richelieu**. Son buste à d. au revers de son buste à d. D. 7 c.

181. **Cardinal de Richelieu**. Son buste à g., avec le chapeau de cardinal. R. Deux mains formant une couronne de lauriers. D. 5 c.

182. **Cardinal de Richelieu**. Buste à d. R. HOC DUCE TUTA. Navire à la voile. 2 p. D. 3 c.

183. **Roger de Bellegarde**. Buste à g. R. CONSTANTIA. La Constance debout. D. 4 c.

184. **Ruzé d'Effiat**. Buste à d. R. QUIDQUID EST JUSTUM LEVE EST. Deux hommes nus portant le globe. D. 6 c.

185. **Charles Ruaeus**. Buste à g., dessous S. CURÉ F. R. Apollon et Mercure debout. D. 5 c.

186. **Anne de Rohan princesse de Guéménée.** Buste à d., WARIN. R. SPES DURAT AVORUM. Aigle regardant le soleil. D. 5 c.

187. **Philippe Marnix de Saint-Aldegonde.** Buste à d., 1580. R. Lisse. D. 3 1/2 c.

188. **Scævola Sammartanis.** Buste à d., dessous CURÉ F. R. DAT FLORES ET FRUCTUS. Un olivier. D. 5. c.

189. **Pierre Seguier.** Buste à d. R. CONVENIUNT CERTANTQUE SIMUL. La Justice et la Charité sacrifiant. D. 8 c.

190. **Pierre Seguier.** Buste à d. R. HIC OMNIA JURE RESOLVIT. L'Agneau pascal sur le livre des Évangiles. D. 5 c.

191. **Nicolas Brulart de Sillery.** Buste à d. DUPRÉ. R. Apollon dans son char, faisant le tour du globe. D. 7 c.

192. **Nicolas Brulart de Sillery.** Buste à d., dessous CON. BLOC. F. R. DISCUTIT UT COELO, etc. Le Soleil éclairant des champs. D. 4 c.

193. **Constantius de Silvecane.** Buste à d., dessous, WARIN 1611. Sans revers. D. 8 c.

194. **Hector, duc de Villars.** Buste à d. R. Mars et Pallas debout. Médaille de bronze dont les légendes et les sujets sont dorés. D. 6 c.

195. **Le chancellier Villemot.** Buste à droite. R. Même revers qu'au numéro 190. D. 5 c.

196. **Jean de Talaru,** 1545. Buste à d. R. ACCELERA UT ERUAS ME. Figure ailée soutenant un écusson. D. 5 c.

197. **Maximilien Titon.** Buste à d., dessous H. ROUSSEL F. R. JOVIS ARMA PARAT TRIUMPHIS. Mars et Pallas assis près d'un trophée. D. 5 c.

198. **Maximilien Titon.** Buste à d., SI. CURÉ F. R. PARNASSE FRANÇAIS. Les neuf Muses sur le Parnasse. D. 5 c.

199. **Henri de La Tour, duc de Bouillon.** Buste de trois quarts. R. Lisse. D. 9 c.

200. **Le maréchal de Toyras.** Buste à d., dessous GUIL. DUPRÉ F. 1634. R. ADVERSA CORONANT. Le Soleil entouré de nuages. D. 6 c.

201. **Jacques Trois Dames.** Buste à d. Sans revers. D. 7 c.

202. **Turenne.** Buste à d. Sans légende ni revers. D. 10 c.

203. **Guillaume du Vair.** Buste à d., dessous C. FREMY, 1621. R. Lisse. D. 5. c.

204. **César duc de Vendosme.** Buste à d., dessous LORFELIN F. R. Écusson barré de France. D. 6 c.

205. **Charles de Lorraine, prince de Vaudemont,** Buste à d., GASP. 1621. R. VIRTUS EST PATRUM. Aigle regardant le soleil. Méd. ovale. D. 5 c.

206. **S. de Vaugrigneuse.** Buste de trois quarts, WARIN. R. JOVE DIGNUS APOLLINIS ARTE. Deux lions supportant un écusson. D. 4 c.

207. **O sol luna nimis luces.** Buste à d., dessous CHERON F. R. A VIRTUTE TRIUMPHUS. Pégase portant une couronne. D. 7 c.

208. **France, je serai pour vous, envers tous et contre tous.** Guerriers prêtant serment à un roi assis. Sans revers. D. 6 c.

209. **Sceau de la connétablie et maréchaussée de France.** Sans revers, plomb. D. 8 c.

210. **Hue de Miroménil,** gardien des sceaux de France, etc. Écusson formé de trois hures de sanglier. Plomb, sans revers. D. 8 c.

MÉDAILLES ITALIENNES

211. **Gaspard Alterius.** Buste à d. R. AD AETHERA VIRTUS. Signe du Lion. D. 6 c.

212. **Beatus Amedeus, dux Sabaudie.** Tête à g. entourée de rayons. Ovale. D. 5 c.

213. **Camille Agrippa.** Buste à d. R. VELIS NOLISVE. Un guerrier arrêtant une femme par les cheveux. D. 4. c.

214. **Alfonse,** roi d'Aragon et de Sicile. Buste à d. R. FORTITUDO MEA ET LAUS MEA, etc. Char traîné par quatre chevaux. D. 10 c.

215. **Jean Ansanus.** Buste à d. R. VIRTUTI LIBURNI CIVITAS, 1792, dans une couronne. D. 5 c.

216. **P. Candidus.** Buste à d. R. OPUS PISANI PICTORIS. Un livre ouvert. D. 7 c.

217. **Antonin Caracalla**. Buste à g. R. IO SON FINE. Un jeune homme et un Amour près d'une tête de mort. M. CCCC. LXVI. D. 9. c.

218. **Isotte d'Arimini**. Buste à g. R. Un éléphant. M. CCCC. XLVII. D. 8 c.

219. **Louis Arioste**. Buste à d. R. PRO BONO MALUM. Une main tenant des ciseaux et un serpent. D. 5 c.

220. **Louis Arioste**. Buste à g. R. PRO BONO MALUM. Un cippe. D. 3 c.

221. **Jean Bentivoglio Hannibalis filius**. Buste à d. R. Un cavalier armé de toutes pièces, suivi par un homme d'armes également à cheval. D. 9 c.

222. **Jean-Nicolas Barenti**. Buste à d. R. ET FLUXERUNT AQUÆ. Moïse frappant le rocher devant les Juifs. E PIERI 1726. D. 8 c.

223. **Bernard-Nicolas Barbi**. Buste à g. R. ISPERO IN DEO. La Foi debout. D. 9 c.

224. **Bartholomæus Pandalla**. Buste à g. R. CÆSARIAN LIBERALITAS.

225. **Pierre Bembo**. Buste à d. R. Pégase. D. 5 c.

226. **Bartholomée Pendalia**. Buste à d. R. CÆSARIAN LIBERALITAS, Guerrier assis sur une cuirasse. OPUS SPERANDEI. D. 8 c.

227. **Vincent Bovius**. Buste à d. R. ANTIDOTUM VITÆ. La Religion debout, à côté un bœuf. Plomb. D. 7 c.

228. **Louis Brogno**. Buste à g. R. SPES MEA IN DEO EST. Deux mains jointes. R. OPUS SPERANDEI. D. 8 c.

229. **Antonius Maria Biscionus**. Buste à d. R. NE TURBATA VOLENT. Minerve écrivant et une jeune fille formant une couronne de lauriers. D. 9 c.

230. **Johannes Boccasius**. Buste à g. R. Figure debout, tenant un serpent. D. 5 c.

231. **Bramantes**. Buste à g. R. FIDELITAS LABOR. Figure assise, tenant un compas. D. 4 c.

232. **Pierre Beretinus**. Buste à d. R. BENE SUPER VIRTUS TE CORONAT. Victoire couchée, tenant un sceptre. F. CHÉRON F. R. D. 7 c.

233. **Flavius Urs. Bravet.** Buste à d. R. IPSE ALIMENTA SIBI. Un ours. D. 6 c.

234. **Charles Borromée.** Buste à g. R. Lisse. D. 5 c.

235. **Nicolas de Carrara.** Buste à g. R. OBIIT ANNO DO. MCCCXXVI. Écusson surmonté d'un heaume. D. 7 c.

236. **Alidoxius Carrara.** Buste à d. R. HIS AVIBUS CURRUQUE, etc. Jupiter dans un char traîné par deux aigles. D. 6 c.

237. **Marsilius major de Carrara.** Buste à d. R. OBIIT ANNO MCCCXXX. Écusson surmonté d'un heaume. D. 7 c.

238. **Franciscus junior de Carrara.** Buste à g. R. NECAT ANN. MCCCCVI. Écusson surmonté d'un heaume. D. 7 c.

239. **Marcus Tullius Cicero.** Buste à d. Dessous VARIN. Sans revers. D. 10 c.

240. **Cicilia Virgo.** Buste à g. R. Femme nue debout devant une licorne couchée. OPUS PISANI PICTORIS MCCCCXLVIII. D. 8 c.

241. **Cosme II, duc d'Étrurie.** Buste à d. Sans revers. D. 10 c.

242. **Cosme III.** Buste à d. R. PATER IN FILIO COMPLACET SIBI. Le Prince assis, recevant les seigneurs de sa cour. D. 8 c.

243. **Cosme III.** Buste à g. R. CERTA FULGENT SIDERA. Un navire en pleine mer. D. 4 c.

244. **Cosme III.** Buste à d. R. GLORIA ETRUSCORUM. Statue équestre du prince. D. 8 c.

245. **Cosme II.** Buste à d. R. PRÆMIA VIRTUTIS. Sceptre dans une couronne, entouré de boules d'or. D. 3 c.

246. **Nicolas Cotoner.** Buste à g. R. Écusson couronné, grand méd. ovale. D. 14 c.

247. **Christiana de Lorraine.** Buste voilé à d. Sans revers. D. 9 c.

248. **Le Dante.** Buste lauré à g. R. Lisse. D. 5 c.

249. **Louise Deptis.** Buste à d. R. ISPERO IN DEO. Femme debout en prière. D. 7 c.

250. **Pantaleon Dolera.** Buste à d. R. UNA SALUS. Vaisseau en mer. D. 6 c.

251. **André Doria.** Buste à d. R. Un vaisseau en mer. 2 p. D. 4 c.

252. **Excelinus III de Romano.** Buste de face. Sans revers. D. 10 c.

253. **Ferdinand Ier d'Étrurie.** Buste à d. Sans revers. D. 7 c.

1**

254. **Ferdinand, duc de Mantoue.** Buste à d. R. ANNO DOMINI MDCXXXXIIII. Dans le champ. D. 4 c.

255. **Alexandre Farnèse.** Buste à d. R. CONCIPE CERTAS SPES. Vue d'une ville et d'un fleuve. D. 4 c.

256. **Fabius Feronius.** Buste à d. R. OPERE PULCHRIOR. La Justice et l'Abondance couchée, dans le lointain un palais. D. 10 c.

257. **Dominique Fontana.** Buste à d. R. Une obélisque. D. 3 c.

258. **Ferdinand, duc de Mantoue.** Buste à g. R. Signes du zodiaque et soleil. D. 4 c.

259. **Hercule Ferrata.** Buste à d. R. Lisse. D. 6 c.

260. **Hippolyte Fornasarius.** Buste à d. R. Le Soleil. Au-dessus une tête de cheval, probablement Pégase. D. 6 c.

261. **Franciscanus.** Buste à g. R. Écusson. D. 4 c.

262. **Marguerite de Foix.** Buste voilé à g. R. Écusson tenant à un arbre, sur lequel est un oiseau. D. 4 c.

263. **Christine Francica et Hyacinthe son fils.** Leurs deux bustes accolés. R. COELI SERVAMUR IN USU. Deux cœurs enflammés sur un autel. D. 6 c.

264. **Jacoba Franhina.** Buste à d. R. MDLXXXI. Dans le champ. D. 4 c.

265. **François IV, duc de Mantoue.** Buste à d. Dessous, G. DUPRÉ, F. 1612. D. 16 c.

266. **François Ier de Parme.** Buste à d. R. La Religion et la Justice assises. D. 5 c.

267. **Jean Gaston d'Étrurie.** Buste à d. R. CRESCAM LAUDE REGENS. Une Femme présentant une couronne au prince. F. PIERI. F. D. 8 c.

268. **Juliano Particini.** Buste à g. R. ISPERO IN DEO. Femme debout en prière. D. 6 c.

269. **Joseph Prosperi.** Buste à d. dessous. A SELVIUS. R. INVENIT. Une divinité indienne et deux Amours. D. 9 c.

270. **Jean François de Gonzague.** Buste à g. R. Deux cavaliers. OPUS PISANI PICTORIS. D. 10 c.

271. **Nicolas Grimaldus.** Tête à d. R. GAUDIO TUTERE MUNITIONIS. Figure nue couchée sous un arbre. D. 4 c.

272. **André-Pascal Gritti.** Buste du doge à g. R. Lisse. D. 4 c.

273. **François Gonzague de Mantoue.** Buste à g. R. OB RESTITUTAM ITALIÆ LIBERTATEM. Hommes de guerre à cheval et à pied. OPUS SPERANDEI. D. 9 c.

274. **Hippolyte Gonzague.** Buste à g. R. VIRTUTIS FORMÆ Q. PRÆVIA. Femme dans un char, traîné par Pégase. D. 7 c.

275. **Vincent Gonzague.** Buste à d. R. Saint Georges terrassant le dragon. D. 4. c.

276. **Galeottus Maximus.** Buste à g. R. SUPERATA TELLUS SIDERA DONAT. Des livres sur des rayons. D. 10 c.

277. **Hercule d'Este.** Buste à g. R. SUPERANDA OMNIS FORTUNA. La Fortune debout. D. 6 c.

278. **André Gritti.** Buste du doge à g. R. Église de Saint-François. D. 4 c.

279. **Honoré II, prince de Monaco.** Buste à d. R. Écusson soutenu par deux vieillards armés d'une épée. D. 5 c.

280. **César d'Este.** Buste à g. R. CANDORE ET CONSTANTIA. Aigle couronné. D. 4 c.

281. **Jean Paléologue.** Buste à d. R. OPUS PISANI PICTORIS. Deux guerriers à cheval. ΕΡΓΟΝ ΤΟV ΠΙCΑΝΟV ΖωΓΡΑΦΟV. D. 10 c.

282. **Lanellus Turian.** Buste à d. R. VIRTUS NUNQ : DEFICIT. La Vertu tenant une urne sur sa tête, le peuple recueille la liqueur qui sort de cette urne. D. 8 c.

283. **Jacques de Soldatis.** Buste à d. R. Lisse. D. 6 c.

284. **Jacques Kendal.** Buste à d. R. TEMPORE OBSIDIONIS TURCORUM. Écusson. D. 6 c.

285. **Paul Jordan.** Tête à d. R. UT UTRINQUE TEMPUS. Minerve debout. D. 3 c.

286. **Paul Jordan.** Buste à d. R. Dans un carré on lit : RELUCANTE FORTUNA CORONATA VIRTUS ILLUSTRIOR. D. 3 c.

287. **Jean-François Franconibus.** Buste à g. R. SECURITAS P. P. Mars debout. D. 4 c.

288. **Jules II.** Buste à d. R. Cavalier terrassant ses ennemis. D. 3 c.

289. **Antoine Lœva.** Buste à g. R. La Renommée, le pied droit sur un globe. D. 4. c.

290. **Louis II, marquis de Mantoue.** Son buste à d. R. Minerve et la Victoire devant le prince assis. D. 7 c.

291. **Leonellus.** Buste à d. R. OPUS PISANI PICTORIS. Trois têtes de face n'en font qu'une seule. D. 6 c.

292. **Leonellus d'Este.** Buste à g. R. Un chien aveugle sur un coussin. D. 6 c.

293. **Leonellus d'Este.** Buste à g. R. Deux hommes nus, portant chacun une corbeille. OPUS PISANI PICTORIS. D. 7 c.

294. **Leopold d'Étrurie.** Buste à g. R. Lisse. D. 7 c.

295. **Marta Litiana.** Buste à g. R. ANGELI POLICIAN. Buste à g. D. 5 c.

296. **Louis 1er de Parme.** Buste à d. R. IN VIRTUTE TUA SERVATI SUMUS. Bœuf, cheval et poulain paissant. D. 4 c.

297. **Marie-Madeleine d'Étrurie.** Buste à g. sans revers. D. 9 c.

298. **Sigismond de Malateste.** Buste à g. R. Cavalier armé; dans le lointain un château. OPUS PISANI PICTORIS. D. 10 c.

299. **Sigismond Pandulf Malateste.** Buste à g. R. Le château de Rimini. D. 8 c.

300. **Sigismond Pandulf Malateste.** Tête à d. R. Guerrier tirant son épée entre un heaume et un écusson. OPUS PISANI PICTORIS. D. 9 c.

301. **Sigismond Pandulf Malateste.** Buste à d. R. ISOTE ARIMINENSI. Tête voilée d'Isotte. OPUS PISANI PICTORIS. D. 9 c.

302. **Sigismond Pandulf Malateste.** Tête à g. R. Un bras tenant une palme. D. 3 c.

303. **Sigismond Pandulf Malateste** Tête à g. R. Femme assise entre deux colonnes, dont l'une est brisée. MCCCCXLVI. D. 4 c.

304. **Marguerite Malateste.** Buste à g. R. Écusson. D. 7 c.

305. **Charles Marattus.** Buste à d. Dessous, CHERON. R. ARS GENIUSQUE SIMUL. L'Art personnifié et un Génie debout. D. 6 c.

306. **Christophore Mauro.** Buste du doge à g. R. VENETIA MAGNA. Venise assise. D. 4 c.

307. **Cornelius Mussus**, de Plaisance. Buste à g. R. Dans le champ : OCULI MEI SEMPER AD DOMINUM. D. 7 c.

308. **Marie d'Aragon**. Buste à g. R. Lisse. D. 4 c.

309. **Ludovicus Masse**. Buste à d. R. Le duc sur une estrade haranguant son armée. 2 p. D. 4 c.

310. **Vincent Maripetro**. Buste à d. R. REGALIS CONSTANTIA MDXXIII. Aigle couronné de face. D. 6 c.

311. **Vincent Mazzingus**. Inscription en sept lignes. R. Trois masses d'armes. D. 4 c.

312. **Jean Médicis**. Buste cuirassé à d. R. Une bataille. D. 10 c.

313. **Laurent Médicis**. R. JULIEN MÉDICIS. Conjuration des Pazzy. Plomb. R. 7 c.

314. **Jacques Médicis**. Buste à d. R. Lisse. D. 6 c.

315. **Magnus Julianus Médicis**. Buste à g. R. La Vertu et la Fortune debout. D. 5 c.

316. **Cosme Médicis**. Buste à d. R. SECURITATI THUSCORUM. Un port de mer. 2 p. D. 4 c.

317. **Cosme Médicis**. Buste à d. R. SALUS PUBLICA. Hygie debout. D. 3 c.

318. **Cosme Médicis**. Buste à d. R. EXPLICANDO IMPLICANTUR. Deux mains dénouant un cordon. D. 4 c.

319. **Cosme Médicis**. Buste à d. R. HETRURIA PACATA. L'Étrurie entre un lion et un loup. D. 4 c.

320. **Alexandre Ier d'Étrurie**. Buste à g. R. Lisse. D. 4 c.

321. **Alexandre de Médicis**. Tête à g. R. Lisse. D. 3 c.

322. **Ferdinand de Médicis**. Tête à d. R. MAJESTATE TANTUM. La reine des abeilles entourée de ses sujets. D. 4 c.

323. **Ferdinand de Médicis**. Buste à d. R. NE TRANSEAS SERVUM TUUM. Un saint à genoux et trois figures debout. D. 5 c.

324. **Cosme de Médicis**. Buste à d. R. VICTOR VINCITUR. Deux guerriers déposant leurs épées sur un autel. D. 4 c.

325. **Michel-Ange**. Buste à d. R. FELICITER JUNXIT. Fragments de statues et instruments de sculpture et de peinture. D. 5 c.

326. **Michel-Ange**. Buste à d. R. Lisse. D. 5 c.

327. **Élisabeth de Montearto.** Buste à g. R. AD ASTRA. Un guerrier sur Pégase traversant les airs; en bas deux monts. D. 5 c.

328. **Jean Pic de La Mirandole.** Buste à d. R. Les trois Grâces. D. 8 c.

329. **Jean Pic de La Mirandole.** Buste à d. R. Lisse. D. 4 c.

330. **Jean Pic de La Mirandole** et **Virginius Cæsarinus.** Leur deux bustes accolés. R. ALTERA ROMAE. Deux aigles. D. c.

331. **Ulyxes Musotus.** Buste à g. R. Des livres et des instruments de mathématiques. D. 6 c.

332. **Sigismund Malatesta.** R. Un temple à Rimini. D. 4 c.

332 *bis.* **Nicolas Ursin.** Buste à g. R. Guerrier à cheval suivi de deux soldats à pied. D. 4 c.

333. **Jules Odescalcus.** Buste à d. R. IN OMNEM TERRAM EXIVIT SONUS. L'Amour jouant de la trompette. D. 6 c.

334. **Jules Odescalcus.** Buste à d. R. NON NOVUS SED NOVITER. Le soleil levant. D. 6 c.

335. **Jules Odescalcus.** Buste à d. R. DUX CERE. Femme endormie au milieu d'armes. D. 4 c.

336. **Jules Odescalcus.** Buste à d. R. D. G. SIRM. BRAG. DUX. Le soleil et un phénix au milieu des flammes. D. 3 c.

337. **Jules Odescalcus.** Buste à d. R. AD. REGN. POL. CANDID. Le soleil levant. D. 3 c.

338. **Octave Farnèse.** Buste à g. R. Apollon et Marsyas. D. 3 c.

339. **Henri II, François Ier, Henri III.** Trois têtes accolées à g. R. Trois autres têtes accolées. Plomb. D. 4 c.

340. **Philibert de Savoie.** Buste à d. R. Le duc assis sur son trône, entouré de ses sujets. D. 4 c.

341. **Philippe Pirovanus.** Buste à d. R. SALUS NOSTRA A DOMINO. Vaisseau en pleine mer. D. 8 c.

342. **Philippe Pirovanus.** Buste à d. Sans revers. D. 8 c.

343. **Guido Pepulus.** Buste à g. R. SIC DOCUI REGNARE TYRANNUM. Un vieillard et un roi jouant aux dés. OPUS SPERANDEI. Plomb. D. 8 c.

344. **Philippe-Meria Anglus.** Buste à d. R. Trois guerriers à cheval. D. 10 c.

345. **Pisanus Pictor.** Buste à g. R. F. S. K. I. X. P. F. T. V. dans une couronne. D. 5 c.

346. **Pompée le Grand.** Buste à g. Sans revers. D. 10 c.

347. **Jean Jovianus Pontanus.** Buste à d. R. URBINA. Femme debout tenant une lyre. D. 8 c.

348. **Jean Jovianus Pontanus.** Buste à d. R. URANIA. Uranie debout. D. 4 c.

349. **Jérôme Prioli.** Buste du doge à d. R. ADRIA. REGI. MARIS. Venise assise près d'un vaisseau. D. 6 c.

350 **Priscianus.** Buste à g. R. Un pêcheur debout sur un oiseau de mer. D. 10 c.

351. **Jean-Marie Pomedellus.** Sans avers. R. Figure nue à genoux tenant une corbeille de fruits et de fleurs, derrière un amour. D. 5 c.

352. **Dyonisius de Ratraut.** Buste à d. R. DIVO. PETRO MARTYRI, etc., inscription en 9 lignes dans le champ. D. 6 c.

353. **Réné, roi de Sicile et Jérusalem.** Buste à d. R. Un poids suspendu par des cordes. OPUS PETRUS DE MEDIOLANO. D. 8 c.

354. **Frédéric de Riccis.** Buste à d. R. COMPAGNIA NON VO CHE VILEN COVI. Un serpent et un hérisson. D. 9 c.

355. **Marquis Ricćardi.** Buste à d. R. EGENTIUM VOTIS. L'Abondance et une femme assise avec deux enfants devant un grand bâtiment. D. 8 c.

356. **Jules Romain.** Buste à g. Dessous, VARIN. Sans revers. D. 10 c.

357. **François de Sangallo.** Buste à g. R. DURABO. Un chien debout devant un terme. D. 7 c.

358. **François de Sangallo.** Buste à g. R. OPUS M. D. L. I. Un clocher dans une couronne. D. 7 c.

359. **André Santio Pictor.** Buste à g. R. Lisse. D. 6 c.

360. **Antoine Sarzanella.** Buste à d. R. Femme assise, tenant un bouclier, à ses côtés un chien. D. 7 c.

361. **Cosme Scallie.** Buste à g. R. OP. BAPT. ELIE DE JANUA. Un cerf couché. D. 4 c.

362. **Luc.-An. Seneca.** Buste à d. Sans revers. D. 10 c.

363. **Claude de La Sengle.** Buste à g. R. Lisse. D. 4 c.

364. **Galeas Marie Sforce.** Buste à g. R. FRANÇOIS SFORCE. Buste à d. D. 4 c.

365. **François Sforce.** Buste à g. R. CLEMENTIA ET ARMIS PARTA. Le roi à cheval, sous un dais, pardonnant à ses ennemis. D. 4 c.

366. **François Sforce.** Buste à g. R. Une tête de cheval et des livres. OPUS PISANI PICTORIS. D. 9 c.

367. **Pierre Strozzi.** Buste à d. R. QUO ME FATA VOCANT. Mercure volant. D. 7 c.

368. **Philippe Strozzi.** Buste à g. R. Un aigle, un serpent et un écusson dans une forêt. D. 10 c.

369. **Pierre Strozzi.** Buste à d. R. QUAM DULCIS EXEMPTO LIBERTAS. Cheval libre. D. 5 c.

370. **L. Cor. Sylla cos.** Buste à d., dessous, VARIN. Sans revers. D. 10 c.

371. **Jean Tornabonus.** Buste à d. R. FIRMAVI. Une femme en prière, au-dessus le Saint-Esprit. D. 9 c.

372. **Le Tasse.** Buste à d. R. Un âne paissant. D. 4 c.

373. **Jean-Louis Tuscanus.** Buste à g. R. VICTA JAM FATIS AGITUR. Neptune dans un char traîné par des Hippocampes. D. 4 c.

374. **Jean-Louis Tuscanus.** Buste à g. R. QUID NON PALLAS. Pallas debout. 2 p. D. 3 c.

375. **Vincent, duc de Mantoue.** Buste à g. R. DOMINE PROBASTI. Un creuset au milieu des flammes. D. 4 c.

376. **Victorinus Feltrensis.** Buste à g. R. Le pélican et ses enfants. D. 6 c.

377. **Victor-Amédée II,** roi de Sardaigne. Buste à g. R. PROPUGNATA. ET PACATA. La Savoie assise sur une urne, etc. D. 6 c.

378. **Jean de Vallet**, grand maître de l'ordre de Jérusalem. Buste à g. Sans revers. D. 5 c.

379. **Jean de Vallet.** Buste à d. R. UNUS X MILLIA. David coupant la tête à Goliath. D. 5 c.

380. **Hyeronimus Vida.** Buste à d. R. QUOS AMARUNT DII. Pégase volant. D. 3. c.

381. **Vincent II de Mantoue**. Buste à g. R. FERRIS TANTUM INFENSUS. Chien debout. D. 4 c.

382. **Vincent Costagutus**. Buste à d. R. IN ANTII LITTORE EXSTRUCTA. Vue d'un port de mer. D. 4 c.

383. **Jacques fructuosi indicus**. Buste à d. R. A FRUCTIBUS BONUM COGNOSCITIS. Un palmier. D. 4 c.

384. **Santes de Vandis**. Buste à g. R. Inscription en onze lignes dans le champ D. 4 c.

385. **Cæsar Scipio Romanus**. Buste à g. R. INVICTUS FEDERICUS URBINI, etc. Une cuirasse, une épée, un globe et différents autres symboles, dessous un aigle, OPUS CLEMENTIS UBINATIS. D. 9 c.

386. **Ferdinand d'Urbin comte de Mons**. Buste à g. R. Un cavalier armé. OPUS SPERANDEI. D. 8 c.

MÉDAILLES PAPALES.

387. **Martin V**. Buste à g. R. OPTIMO PONTIFICI ROMA. Rome assise. D. 3 c.

388. **Calliste III**. Buste à g. R. Écusson, bonnet pontifical et deux clefs en sautoir. D. 4 c.

389. **Pie II**. Buste à g. R. OPTIMO PRINCIPI dans une couronne. D. 4 c.

390. **Paul II**. Buste à g. R. ÆDES CONDIDIT, etc. Porte d'une ville. D. 3 c.

391. **Sixte IV**. Buste à g. R. PARCERE SUBJECTIS ET DEBELLARE SUPERBOS. La Constance debout. D. 6 c.

392. **Sixte IV**. Buste à g. R. HEC DAMUS IN TERRIS, etc. Deux moines debout, mettant la tiare sur la tête du Saint-Père assis. 2 p. D. 4 c.

393. **Sixte IV**. Buste à g. R. CURA RERUM PUBLICARUM. Pont sur le Tibre. D. 4 c.

394. **Innocent VIII**. Buste à g. R. JUSTITIA PAX COPIA. La Justice, la Paix et l'Abondance debout. D. 5 c.

395. **Jules III**. Buste à d. R. HÆC PORTA DOMINI. Porte d'un temple. D. 4 c.

396. **Léon X**. Buste à d. R. SCUTA COMBURET IGNIS. La Paix brûlant des boucliers. D. 4 c.

397. **Paul III**. Buste à g. R. DOMINUS CUSTODIT TE. Une bataille. D. 4 c.

398. **Paul III**. Buste à d. R. Un griffon et un serpent dans une couronne. D. 6 c.

399. **Marcel II**. Buste à g. R. Femme lisant dans un livre et tenant un gouvernail. D. 7 c.

400. **Adrien VI**. Buste à g. R. Le pape couronné de la tiare en présence de son armée. D. 4 c.

401. **Clément VII**. Buste à d. R. Lisse. D. 8 c.

402. **Pie IV**. Buste à g. R. INDULGENTIA PONT. Le pape faisant grâce à des prisonniers. D. 7 c.

403. **Paul IV**. Buste à d. R. La Religion marchant, portant un livre et le saint ciboire. D. 8 c.

404. **Grégoire XIII**. Buste à d. R. SPES OPIS EJUSDEM. Sujet allégorique. D. 6 c.

405. **Grégoire XIII**. Buste à g. R. Deux figures à genoux devant la Religion assise. D. 5 c.

406. **Grégoire XIII**. Buste à g. R. VIGILAT. Un dragon devant un temple. D. 4 c.

407. **Grégoire XIII**. Buste à g. R. Le pape frappant à la porte d'une église. D. 3 c.

408. **Sixte V**. Buste à d. R. PERFECTA SECURITAS. Figure couchée près d'un arbre. D. 3 c.

409. **Sixte V**. Buste à d. R. FONS FELIX. Un pont. D. 4 c.

410. **Grégoire XIV**. Buste à d. R. DIEBUS FAMES SATURANS. Cérès debout. D. 3 c.

411. **Léon XI**. Buste à g. R. Lisse. D. 8 c.

412. **Paul V Borghèse**. Buste à d. R. COL. IUL. FANESTRIS. Vue du port Borghèse. D. 5 c.

413. **Paul V Borghèse**. Buste à d. R. PORTA RESTITUTA PALAT. VATICANI. Porte du Vatican. D. 5 c.

414. **Paul V Borghèse**. Buste à g. R. SECURITAS POPULI. Un port. D. 5 c.

415. **Paul V Borghèse**. Buste à d. R. ET PORTÆ INFERI NON PRÆVALENT. Le Vatican. D. 5 c.

416. **Paul V Borghèse**. Buste à g. R. PONTIFICIS COMMODITATI. Un palais. D. 3 c.

417. **Urbain VIII**. Buste à d. R. NUNC REPERFECTO. Un port. D. 4 c.

418. **Urbain VIII**. Buste à d. R. Cérès assise à ses côtés, la Paix et un soldat. D. 4 c.

419. **Alexandre VII**. Buste à g. R. ET FERA MEMOR BENEFICII. Un lion léchant les pieds d'un gladiateur. D. 9 c.

420. **Alexandre VII**. Buste à d. R. FUNDAMENTA EJUS IN MONTIBUS SANCTIS. Un cirque, dans le lointain un palais. D. 7 c.

421. **Innocent XI**. Buste à d. Sans revers. D. 9 c.

422. **Innocent XI**. Buste à droite. R. La Renommée et des Amours soutenant un écusson sur lequel on lit : FECIT ENIM MIRABILIA IN VITA SUA. D. 6 c.

423. **Clément XI**. Buste à d. Sans revers. D. 13 c.

424. **Clément XI**. Buste à d. R. ROBUR AB ASTRIS. Guerrier couché près d'un lion. D. 3 c.

MÉDAILLES DE CARDINAUX ET RELIGIEUSES.

425. **Charles Borromée**. Buste à g. R. L'Agneau pascal sur un autel. D. 5 c.

426. **Divus Thomas de Aquino**. Buste à d. R. RORATE CŒLI DESUPER. Un palmier. D. 7 c.

427. **Emmanuel-Théodore, cardinal de Bouillon**. Buste à d. R. ANN. JUB. MDCC. Porte d'une église. D. 5 c.

428. **Federicus cardinalis Cornelius**. Buste à d. R. DIVÆ THERESIÆ SACELLUM, etc. Dans le champ, longue inscription en onze lignes D. 4 c.

429. **Flavius card. Chisius**. Buste à d. R. JUSTITIÆ ET VERITATI. La Justice et la Vérité assise. D. 6 c.

430. **Franciscus episcopus Portvent**. Buste à d. R. IN HONOREM DEIPARÆ VIRG., etc. Temple. D. 7 c.

431. **Jean Cornelius**, doge de Venise. Buste à g. R. Buste du cardinal Frédéric Cornélius. D. 4 c.

432. **François, évêque de Port-Vendres.** Buste à d. R. Trois abeilles et une inscription en cinq lignes. D. 5 c.

433. **François-Marie, cardinal Brancatius.** Buste à d. R. NEC IPSA IN MORTE RELINQUAM. Un lion étendu sur le dos, près de ruines. D. 7 c.

434. **Hippolyte Estensis cardinal.** Buste à d. R. MUNITA GUTTUR CANES CONTEMNIT. Homme assis, mettant un collier à un chien. D. 5 c.

435. **Julius, cardinal Sachettus.** Buste à g. R. Dans un écusson URBANO VII REGNANTE ANNO SAL. MDCXXXIX. D. 5 c.

436. **Jam de Liverlos,** évêque de Liége. Buste à d. R. NEC METU NEC INVIDIA. Une balance. D. 5 c.

437. **Louis, cardinal Ludovisius.** Buste à d. R. Une église. D. 6 c.

438. **Louis, cardinal Ludovisius.** Buste à d., tenant le livre des Évangiles. R. Longue inscription en dix lignes. D. 6 c.

439. **Ludovicus cardinal Porto Carrero.** Buste à g. R. Un port et la Renommée sur une base sur laquelle on lit : HAC DUCE CUNCTA PLACENT. D. 4 c.

440. **Maph., cardinal Barberin.** Buste à d. Sans revers. D. 9 c.

441. **Pierre Oliva,** de la Société de Jésus. Buste à d. R. Le saint s'envolant au ciel, soutenu par des anges. D. 6 c.

442. **Hieronymus Saffer.** Buste à g., tenant un crucifix. R. GLADIUS DOMINI SUPER TERRAM, etc. Main tenant une épée menaçant la terre. à gauche une colombe semblant la protéger. D. 9 c.

443. **Julo Veneto,** etc. Buste à d. R. Armes pontificales. Ovale. D. 4 c.

444. **Clément de Ruvere.** Buste à d. R. JULIEN, ÉVÊQUE D'OSTIE. Buste à d. D. 6 c.

445. **Julien Ruvere.** Buste à g. R. VITA SUPERA. Dans un vaisseau une femme assise, un lion, une colombe et un aigle. D. 7 c.

446. **Un Concile.** Cardinaux assis, derrière une foule de personnages. R. Dieu entouré de ses saints. D. 7 c.

447. **Adrien Van Gienorm.** Buste à g., entouré de trois écussons. R. Lisse. D. 8 c.

448. Buste à g. de **Jésus-Christ**. R. Buste à d. de SAINT PAUL. D. 9 c.

449. Buste à g. de **saint Pierre**. R. Église fondée à Gand par Joachim Arsenius. D. 6 c.

450. **Joseph Ferrerius**, vice-légat d'Avignon. Buste à d. R. ROMA DABIT QUONDAM QUAS DAT AVENIO CLAVES. Vue de la ville d'Avignon. D. 5 c.

451. **Charles de Bourbon**. Buste à g. R. ECCE AGNUS DEI. Le bon Pasteur portant un agneau. Ovale. D. 4 c.

452. **Jacques, Cardinal de Angelis**. Buste à d. R. Buste du marquis Jean-Philippe, équier, etc. D. 3 c.

453. **G. Destouville**, cardinal-évêque de Rouen. Buste à d. R. Les armes du cardinal. D. 4 c.

MÉDAILLES ALLEMANDES, POLONAISES ET AUTRES.

454. **Anne, princesse d'Anhalt**. Buste à d. R. Lisse. Ovale. D. 4 c.

455. **August. p. a. a. m.** Buste à d. R. SILENDO ET SPERANDO. Un cygne. D. 5 c.

456. **Pierre Brius**. Buste à d. Sans revers. Ovale. D. 6 c.

457. **Barbara Burchrard**. Longue inscription en treize lignes. R. L'Adoration des Bergers. Argent doré. D. 6 c.

458. **Charles IX**, roi de Suède. Buste casqué à g. R. Une bataille. D. 5 c.

459. **Christine**. Buste à d. R. FORTIS ET FELIX. Un lion sur un globe. D. 6 c.

460. **Philippe, sire de Croy**. Buste à d. R. DE PORCEAN, COMTE DE BAUMONT. Une main tenant une ruche entourée d'abeilles. D. 3 c.

461. **Calvin**. Son buste à g. Sans légende; sans revers. D. 11 c.

462. **Jean-Baptiste Castillon**. Buste à g. R. LIPPA CAPTA. Femme soutenant un trophée.

463. **Charles-Louis**, comte palatin du Rhin. Buste à d. R. FELICITER. Femme debout tenant une épée entourée d'un serpent. D. 6 c.

464. **Christiern**, roi de Suède. Buste de face. R. A. COR. 1513. REGN. 9. OBIIT 1559 AET. S. 72. Argent. D. 6 c.

465. **Nicolas Duodo**. Buste à g. R. ROMANIS BASILISCIS PARES. Un cimetière.

466. **Albert Durer**. Buste à g. Sans revers. D. 5 c.

467. **Albert Durer**. Buste à d. R. RELIQUUM DATURA INDIA. L'Inde apportant des présents. D. 3 c.

468. **Albert Durer**. Buste à d. R. Lisse. D. 4 c.

469. **Ernest, comte de Mansfeld**. Buste à d. R. FORCE M'EST TROP. Écusson.

470. **Ferdinand III**, empereur d'Autriche. Buste de face. R. ÉLÉONORE, impératrice. Buste de face. D. 5 c.

471. **Ferdinand II**, empereur d'Autriche. Buste à d. R. LEGITIME CERTANTIBUS. Tête de face entre quatre couronnes. D. 4 c.

472. **Gustave-Adolphe**. Buste à g. Sans revers. D. 6 c.

473. **Gustave-Adolphe**. Buste de face. R. Gustave-Adolphe sous les traits de l'archange foulant aux pieds les hérétiques et les papistes. D. 5 c.

474. **Gustave-Adolphe**. Buste de face, sans revers, incrusté dans une boîte. D. 4 c.

475. **Gustave-Adolphe**. Buste à d. R. ET VICTRICIBUS ARMIS. La Foi et la Force debout.

476. **Gustave-Adolphe**. Buste de face. R. Une épée couronnée entre deux palmes. D. 4 c.

477. **Charles-Gustave**. Buste à g. R. A DEO ET CHRISTINA. Le roi couronné par Christine. D. 4 c.

478. **Guillaume, prince d'Orange**. Buste à d. R. CHARLOTTE DE BOURBON, etc. Buste à g. Médaillon signé I. W. 1577. D. 4 c.

479. **Jean-Baptiste Hovwaert**. Buste à d. Signé ALEXANDER P. 1578. HOUDT MIDDELMATE. D. 6 c. 1/2.

480. **Jean Hus**. A d. R. Jean Hus sur le bûcher. 1415. D. 4 c.

481. Autre en étain.

482. **Henri-Jules de Brunswick**, évêque d'Hildesheim. Ovale. D. 3 c.

483. **Jean-Georges**, margrave de Brandebourg. Buste à d. R. ARMIS. 1592. Médaillon ovale en argent. D. 3 c.

484. **Jean-Frédéric,** électeur de Saxe. Buste de face. R. NON FRUSTRA, etc. Combat de cavaliers. 1537. Médaillon en argent doré, signé G. 4 c. 1/2.

485. **Jean-Frédéric**, duc de Brunswick. Buste à g. R. EX DURIS GLORIA. 1669. Palmier. Médaille signée I. F. TRAVANVS. D. 5 c.

486. **Don Juan d'Autriche**. Buste à g. R. VENI ET VICI. Combat de Lépante. D. 4 c.

487. **Joachim-Ernest**, margrave de Brandebourg. Buste de face. R. HIS TANDEM FRETUS OVABO. CUM PRIVI CÆS. Mars et Minerve. Médaillon ovale, en argent, signé C. MALLER. D. 3 c. 1/2.

488. **Joseph II**, **Frédéric II**. Bustes affrontés. Exergue : GERMANIA GAUDET. R. 13 mai 1779, etc. Argent. D. 4 c. 1/2.

489. **Charle-Louis**, **comte palatin**, etc. Buste à d. R. UTRIUSQUE TUTELÆ. D. 8 c.

490. **Léopold d'Autriche**. Buste à g. R. DISSIPAVIT, etc. 1697. D. 8 c.

491. **Louis**, **comte palatin**. Buste à d. D. 4 c.

492. **Martin Luther**. 1571. Buste de face. D. 8 c.

493. **Georgius Loxanus Silesius Eques**. Buste à d. R. Écusson sur un trophée d'armes. D. 4 c. 1/2.

494. **Martin Luther**. Plaque en repoussé. Signé E. SOHRLING. D. 4 c.

495. **Maximilien-Henri**, archevêque de Cologne. Buste à d. R. SUBLIMIA SCOPUS. Pégase. D. 5 c.

496. **Maximilien II**, empereur. Buste à d. R. DOMINUS PROVIDEBIT. Aigle et globe. D. 3 c.

497. **Maximilien II**. Buste à d. R. Plaque signée AN : AB : Étain. D. 6 c.

498. **Marie de Bourgogne**. Buste à d. R. Maximilien Ier. D. 5 c.

499. **Philippe Mélanchton.** Buste à g. R. PSAL. 36. SUBDITUS ESTO DEO, etc. 1543. Signé TH. en monogramme. D. 4 c.

500. Autre; mêmes types et légendes. D. 4 c. 1/2.

501. **Marguerite d'Autriche.** Buste à d. ACT. 45. R. FAVENTE DEO. La Justice sur un rocher. D. 6 c.

502. **Maurice de Nassau.** Buste de face. R. TANDEM FIT SURCULUS ARBOR. Médaillon ovale en argent, signé C. MALLER. D. 3 c. 1/2.

503. **Maurice de Nassau.** Buste de face. Signé AR. D. 10 c.

504. **Maurice de Nassau.** 1615. Médaillon ovale. D. 4 c.

505. **Maximilien**, roi de Bohême. Buste à g.

506. **Louise-Marie**, reine de Pologne. Buste à d. R. IN PROTECTIONE, etc. 1659. Médaille bronze doré, avec belière. D. 4 c. 1/2.

507. **Maximilien-Emmanuel de Bavière.** Buste à d. R. HERCULI PACIFERO. Médaille de H. Roussel. 1697. D. 7 c. 1/2.

508. **Jean Olearius.** Buste de face. R. SICUT OLEA, etc. Olivier et Palmier. 1682. Médaille ovale en argent. Signé B. L. 4 c.

509. **Camille. V. Marc. Maximus.** Buste à d. R. AD NULLIUS OCCURSUM. Lion. 1692. Médaille signée P. S. M. D. 5 c.

510. **Dilectæ D. Mariæ Robin.** Buste à d. D. 4 c.

511. **Pierre de Castille.** PETRUS DEI GRATIA, etc. Armes de Castille et de Léon. R. Buste à g. DOMINUS, etc. D. 6 c.

512. **Alexandre Petion.** Buste à g. Sans revers. D. 7 c.

513. **Pierre Alexiowitz, empereur de Russie.** L'empereur à cheval. R. Hercule debout avec sa massue, au milieu d'armes. D. 6 c.

514. **Marquis de Rostaing.** Buste à d. R. Deux Amours apportant une couronne, au-dessous un tombeau. D. 6 c.

515. **Rodolphe III.** Buste à g. R. Aigle regardant le soleil, dans une couronne. SALUTI PUBLICÆ. Argent doré. D. 5 c.

516. **Rodolphe III.** L'empereur à cheval. R. Écusson entouré de lettres couronnées. Argent doré. D. 4 c.

517. **Jean Sigismond, roi de Hongrie.** Buste de face. Sans revers. D. 8 c.

518. **Jean III Sobieski**, roi de Pologne. Buste à d. R. PAX FUNDATA CUM MOSCHIS. Un Polonais et un Moscovite se donnant la main. D. 6 c.

519. **Sigismond-Auguste**, roi de Pologne. Buste de face. Sans revers. D. 8 c.

520. **Jean III Sobieski**. Buste de face. R. PATRIS AD VESTIGIA NATI. Aigle et aiglons volant vers le soleil. D. 6 c.

521. **Alexandre Swartz**. Buste à g. Sans revers. Médaille en argent, le champ en émail. D. 7 c.

522. Le serment des trois Suisses. R. Dans le champ les écussons des treize cantons. Argent doré. D. 5 c.

523. **Marie-Thérèse**. Buste à g. R. UNA EST QUÆ REPARET. Aigle sur un cippe, arbres et trophée d'armes. D. 8 c.

524. **Martin Tromper**. Buste de face. F. POOLE. R. Un combat naval. Argent. D. 7 c.

525. **Frédéric-Ulric,** duc de Brunswick. Le duc à mi-corps à d. R. FLECTERIS AN FRANGERIS. Le vent soufflant sur un chêne. D. 7 c.

526. Les frères **de Witt**. Leurs bustes affrontés. R. Les deux frères dévorés par des bêtes féroces. D. 7 c.

527. **Guillaume Frolich**. Buste à d. R. Écusson, 1552. D. 4 c.

528. **Guillaume**, prince d'Orange. Une inscription flamande en creux. R. Vue d'une ville avec canaux, et navires y circulant. D. 6 c.

529. Médaille en argent représentant le baptême de Jésus-Christ. R. Une longue inscription allemande en dix lignes. D. 5 c.

530. Médaille d'argent. Un combat. A DOMINO VENIT PAX ET VICTORIA. Sans revers. D. 5 c.

MÉDAILLES ANGLAISES.

531. **Édouard VI**. Buste à g. R. CORONATUS EST, etc. Longue inscription en latin, en hébreu et en grec, composé de treize lignes. D. 6 c.

532. **Charles Ier et Marie**. Leurs bustes accolés. R. La Justice et la Paix s'embrassant. Plomb. D. 8 c.

533. **Charles Ier et Marie.** Leurs bustes affrontés. LILIA PROPAGANTUR IN ORBEM. R. Un Amour tenant une épée et une fleur de lys. D. 4 c.

534. **Cromwell.** Buste à g. R. PAX QUÆRITUR BELLO. Un Lion soutenant un écusson. D. 4 c.

535. **Charles II.** Buste de face. R. PSAL 89, etc. La Renommée volant au dessus d'une flotte. D. 7 c.

536. **Marie I.** Buste à g. R. CÆCIS VISUS, TIMIDIS QUIES. Femme assise brisant des armes. D. 7 c.

537. **Guillaume et Marie.** Leurs bustes accolés. R. Différents personnages debout devant un trône. D. 6 c.

538. **André Ragell.** Buste à g. R. ALTUM CONSCENDIMUS ALTO. Caron dans sa barque. D. 6 c.

539. **Daniel Wray**, Anglus. R. Dans le champ, NIL ACTUM REPUTANS CUM QUID SUPERESSET AGENDUM. D. 7 c.

540. **Henri Newton.** Buste à d. R. Minerve et la Vérité debout. D. 9 c.

MÉDAILLES ESPAGNOLES.

541. **Charles-Quint.** Buste à d. R. Lisse. D. 9 c.

542. **Charles-Quint.** Autre. Sans revers. D. 7 c.

543. **Charles-Quint.** Buste à d. Tenant le sceptre et le globe. R. PLUS ULTRA. Aigle couronné, entre les deux colonnes d'Hercule. D. 5 c.

544. **Charles-Quint.** Buste à d. R. Jupiter foudroyant les Titans. D. 4 c.

545. **Charles-Quint.** Buste à d. R. Colonnes d'Hercule au milieu de la mer. Dans le champ, MDXXXI. D. 4 c.

546. **Philippe II.** Buste cuirassé à d. R. JAM ILLUSTRABAT OMNIA. Apollon dans un char. D. 7 c.

547. **Philippe II.** Buste à g. R. VIRTUS NUNQ. DEFICIT. La Vertu portant sur la tête un vase, d'où sort une liqueur que le peuple recueille. D. 8 c.

548. **Philippe II.** Buste à g. R. L'Arabie apportant ses produits à l'Espagne. D. 4 c.

549. **Philippe II.** Buste à g. R. La Paix debout et des armes amoncelées devant le temple de Janus. D. 4 c.

550. **Charles-Quint et Philippe II.** Leurs bustes accolés. R. Les colonnes d'Hercule. D. 4 c.

551. **Philippe III.** Buste à d. couronné par la Victoire. R. FIDELITAS PANORMI GLORIA. Aigle sur un foudre. D. 5 c.

552. **Albert.** Buste à d. R. **Élisabeth.** Buste à g. D. 4 c.

553. **Philippe III.** Buste à d. Sans revers. D. 5 c.

554. **Philippe III.** Buste de face. R. SPES FUTURA. Une ancre. D. 5 c.

555. **Philippe IV.** Buste à d. R. Couronne dans laquelle il y a une croix, une épée et un sceptre en sautoir. D. 4 c.

556. **Philippe V.** Le roi à cheval. R. ADVENTUI PRINCIPIS. Naples assise au bord de la Mer. D. 6 c.

557. **Philippe V.** Buste à d. R. Buste de Marie-Louise à g. D. 5 c.

558. **Charles III.** Buste à d. R. La Justice et la Paix s'embrassant. D. 5 c.

559. **Ferdinand Davalos.** Buste à d. R. Hercule cueillant les pommes du jardin des Hespérides. D. 6 c.

560. **François de Moncade.** Buste à d. R. SECRETA DUCUM CONSILIA. Un Centaure. R. 4 c.

561. **Ferdinand, duc d'Albe.** Buste à d. R. VENI ET VICI. Un combat. D. 4 c.

562. **Honoratus Joannius.** Buste à d. R. Femme debout, à ses pieds un serpent enroulé. D. 7 c.

563. **Gaspard Gusman, duc de San-Luca.** Buste à g. R. Écusson. D. 5 c.

MONNAIES ROYALES DE FRANCE.

564. **Charlemagne**. Metullo. 3 p.

565. **Charles le Chauve**. Angers, Tours. 2 p.

566. **Charles le Chauve.** Evreux.

567. **Charles III**. Metalo. Denier et obole. 3 p.

568. **Charles VII**, Bourges, **Charles VIII**, Paris. 5 p.

569. **Philippe-Auguste**. Paris, Arras. 6 p.

570. **Louis IX**. Gros tournois et deniers tournois. 8 p.

571. **Philippe III.** Deniers et oboles tournois. 5 p.

572. **Philippe V**. Aignel. Or. 2 p.

573. **Philippe V.** Gros tournois, 1/2 et deniers. 17 p.

574. **Louis X**. Gros tournois. 1 p.

575. **Charles IV**. Gros tournois et 1/2 tournois. 6 p.

576. **Philippe VI**. Écu et pavillon. Or. 2 p.

577. **Philippe VI.** Gros tournois, deniers parisis. 9 p.

578. **Jean II**. Mouton, écu. Or. 3 p.

579. **Jean II**. Gros tournois. 9 p.

580. **Charles V.** Franc à pied, Franc à cheval. Or. 2 p.

581. **Charles V**. Blanc au K couronné. 5 p.

582. **Charles VI.** Écu et 1/2 écu. Or. 5 p.

583. **Charles VI.** Blancs et 1/2 blancs. 13 p.

584. **Henri VI**. Blancs et 1/2 blancs au lion passant. 7 p.

585. **Charles VII**. Blancs et 1/2 blancs. 22 p.

586. **Louis XI.** Deux écus et un 1/2 écu à la couronne. 3 p.

587. **Louis XI**. Blancs et 1/2 blanc. 9 p.

588. **Charles VIII**. Écu au soleil. Or. 2 p.

589. **Charles VIII.** Gros blancs, dont plusieurs pour le Dauphiné, 1/2 blancs et liards. 20 p.

590. **Louis XII.** Écu d'or accosté de deux porc-épics. Or. 2 p.

591. **Louis XII.** Écu écartelé de France et Dauphiné. Or. 1 p.

592. **Louis XII.** Blanc et 1/2 blanc, blancs du Dauphiné. 5 p.

593. **François Ier.** Écus d'or du Dauphiné, 1/2 écu de France. Or. 3 p.

594. **François Ier.** Testons, 1/2 testons, blancs, 1/2 blancs et liards, plusieurs pour le Dauphiné. 36 p.

595. **Henri II.** Henri d'or. 1 p.

596. **Henri II.** Testons, 1/2 testons, grands blancs, gros de nesle. 5 p.

597. **Charles IX.** Écu d'or. 1 p.

598. **Charles IX.** Testons, 1/2 testons, blancs. 38 p.

599. **Henri III.** Écu d'or.

600. **Henri III.** Francs, 1/2 francs, 1/4 d'écus, blancs, gros de nesle, liards, doubles tournois. 93 p.

601. **Charles X**, cardinal de Bourbon. 1/4 d'écus, 1/8e d'écus, blancs et 1/2 blancs. 21 p.

602. **Henri IV.** 1/2, 1/4 de francs, 1/4 et 1/8e d'écus, blancs, 1/2 blancs, liards, doubles tournois. 91 p.

603. **Louis XIII.** Écu d'or. 3 p.

604. **Louis XIII.** Double louis et 1/2 louis. Or. 3 p.

605. **Louis XIII.** Écu blanc, 1/2, 1/4, 1/8e, 1/4 d'écus à la collerette, 1/4 d'écus, 1/8e d'écus, deniers tournois. 65 p.

606. **Louis XIV.** Écu blanc, écu aux huit l., écu de Béarn, écu aux trois couronnes, écu aux deux palmes, écu à l'écusson rond, sceptre et main de justice, écu de Bourgogne. 24 p.

607. **Louis XIV.** 1/2 écu blanc, aux deux palmes, aux trois couronnes, aux huit l., 1/2 écu carré pour Strasbourg, 1/4 d'écus sans la tête. 33 p.

608. **Louis XIV.** 1/4, 1/8e, 1/12e, 1/16e d'écus, pièce de six sols, 4 sols, etc. 49 p.

609. **Louis XIV.** Écu d'or.

610. **Louis XIV.** Louis d'or aux huit l.

611. **Louis XV.** Écu, 1/2, 1/4, 1/8e, écusson carré, rond, de Navarre, aux deux palmes, aux huit l. 53 p.

612. **Louis XVI.** Écus aux deux palmes, contre-marqué en Suisse, avec le génie de la liberté, 1/2 écus, 1/4 d'écus, 1/8e d'écus. 29 p.

613. **République française.** 6 livres, 1793, Lefebvre, Lesage et Ce, 20, 10, 5 sols. 7 p.

MONNAIES SEIGNEURIALES FRANÇAISES.

614. **Abbaye de Saint-Martin de Tours.** 2 p.

615. **Anonyme** de Chartre. Denier et obole. 2 p.

616. **Jean III, IV, V et VI.** Bretagne. 10 p.

617. **François II.** Bretagne. 1 p.

618. **Herbert II**, comte du Mans. 7 p.

619. **Charles de Valois**, comte du Mans. 2 p.

620. **Foulques V**, comte d'Anjou. 3 p.

621. **Richard Cœur de Lion**, comte du Poitou. 2 p.

622. **Geoffroy**, comte de Gien. Deniers et oboles. 8 p.

623. **Nevers** au nom de Louis. 1 p.

624. **Anonyme** de Souvigny. 2 p.

625. **Angoulême**, au nom de Louis. 4 p.

626. **Aquitaine. — Richard Cœur de Lion.** 1 p.

627. **Centulle,** vicomte de Béarn. Deniers et oboles. 4 p.

628. **Antoine et Jeanne**, de Navarre. Teston. 1 p.

629. **Jeanne**, de Navarre. Testons. 3 p.

630. **Henri II et Jeanne**, de Navarre. Testons. 4 p.

631. **Henri II,** de Navarre. 1/2 écus, 1/4 d'écus, testons, 1/2 testons, blanc, liard. 17 p.

632. **Raimond XV,** comte de Toulouse. 3 p.

633. **Raimond VI,** comte de Toulouse. 3 p.

634. **Châteauroux. — Raoul IV**, **V**, **VI.** 1 p.

635. **Substantion Melgueil.** 2 p.

636. **Cahors.** 2 p.

637. **Vienne** en Dauphiné. 5 p.

638. **Provence. — Alphonse** d'Aragon. 9 p.

639. **Provence. — Charles Ier** d'Anjou. 1 denier.

640. **Provence. — Charles II.** Sol couronnat.

641. **Provence. — Louis Ier.** Sol couronnat.

642. **Provence. — Robert**, le Comte assis. 1 p.

643. **Provence. — Anonyme** de Valence. 1 p.

644. **Avignon.— Urbain VIII, Sixte V.** 3 p.

645. **Orange. — Philippe-Guillaume.** 1 teston.

646. **Dombes. — Louis II.** Testons, 1/2 teston, doubles tournois. 5 p.

647. **Dombes. — Henri.** Testons, blancs. 6 p.

648. **Dombes. — Marie.** Double tournois. 1 p.

649. **Bourgogne. — Jean sans Peur.** 4 p.

650. **Besançon. — Charles-Quint.** Écu, 1/4 écus, 1/8e, 1/16e. 16 p.

651. **Provins. — Thibault V.** 3 p.

652. **Reims. — Guillaume II, Henri.** 4 p.

653. **Charles II de Gonzague, Nevers et Retel.** 1 double tournois.

654. **Château-Renaud. — François de Bourbon**, prince de Conti. Double tournois. 1 p.

655. **Lorraine. — Charles-Anthoine.** Blancs et testons. 4 p.

656. **Lorraine.—Charles III.** Testons, blancs et deniers. 9 p.

657. **Lorraine. — Charles et Nicolle, Charles IV.** Denier, testons, liard. 6 p.

658. **Metz. — Thierry de Boppart, Anonyme.** Gros, bugnes, etc. 9 p.

659. **Strasbourg.** Écus, 1/2 écus, gros, 1/2 gros, deniers. 21 p.

660. **Louis Constantin,** évêque de Strasbourg. Écu.

661. **Laon. — Roger de Rozoi et Philippe-Auguste.** Denier.

662. **Calais. — Henri VI.** 2 gros.

663. **Guillaume II** de Hainault. Gros de billon.

664. **Philippe le Bon** de Hainault. Gros. 2 p.

665. **Flandres. — Louis de Male.** Lion heaumé, 1/2 lion heaumé. 6 p.

666. **Flandres.** Gros au lion, gros, plaquettes. 7 p.

667. **Flandres. — Philippe II.** 1/2 ducaton, 1/4 écu. 2 p.

668. **Brabant. — Jean III. Philippe le Bon. Philippe le Beau.** Gros, plaquettes. 5 p.

669. **Brabant. — Philippe II.** Ducaton.

670. **Brabant. — Philippe IV.** Ducatons, écus. 4 p.

671. **Tournai. — Maréchal de Surville.** 20 s., 1 p., 1 Louis XIV, Barcelone. 1 p.

672. **Orange. — Raimond.** Franc à pied. Or. 1 p.

MONNAIES ÉTRANGÈRES.

673. **Angleterre.—Henri II, Édouard III, Édouard IV, Henri VI.** Noble d'or, denier, gros, 1/2 gros. 13 p.

674. **Angleterre. — Henri VII, Henri VIII.** Gros, 1/2 gros. 15 p.

675. **Angleterre. — Édouard VI. Jacques.** 1/2 schellings, gros, 1/2 gros. 8 p.

676. **Angleterre. — Élisabeth, Charles Ier.** 1/2 schellings et divisions.

677. **Angleterre. — Charles II, Guillaume, Guillaume et Marie.** 5 guinées, 2 guinées 1/2 et divisions. 11 p.

678. **Angleterre. — Anne, Georges II, Charles II.** 5 guinées, 2 guinées 1/2 et divisions. 7 p.

679. **Autriche. — Maximilien Ier, Rodolphe, Charles VI, Maximilien II.** Double thaler, thaler, 1/2, 1/4 thaler. 8 p.

680. **Autriche. — Léopold et Claudia, Mathias, Léopold Ier.** Double thaler, thaler et divisions. 8 p.

681. **Autriche. — Ferdinand II, Léopold II.** Double thaler, thaler et divisions. 11 p.

682. **Autriche. — Joseph, Ferdinand III**, **Marie-Thérèse**. Thaler et divisions. 6 p.

683. **Augsbourg.—Ferdinand III. Bade.—Frédéric V.** Thaler. 2 p.

684. **Bavière. — Ferdinand, Charles-Louis, Maximilien-Joseph.** Thaler et divisions. 6 p.

685. **Brandebourg. — Georges et Albert, Frédéric-Guillaume.** Thaler. 3 p.

686. **Bologne. — Paul V, Clément VII, Pie IV.** 2. p. or, 2 p. arg.

687. **Cologne.** Thaler et divisions. 4 p.

687 *bis*. **Danemark. — Frédéric III, Christian III, Deventer, Charles.** 1 p. d'or et 3 schillings d'argent. 4 p.

688. **Écosse. — Alexandre, Marie-Stuart.** Deniers, teston. 3 p.

689. **Espagne. — Alfonse, Ferdinand, Ferdinand et Isabelle, Philippe III.** Écu et divisions. 12 p.

690. **Espagne. — Philippe IIII, Charles II, Philippe V.** Piastre et divisions. 14 p.

691. **Espagne. — Philippe V, Charles III**, **Ferdinand V, Charles IV.** Piastre et divisions. 12 p.

692. **Ferrare, Francfort-sur-le-Mein, Fribourg-en-Brisgau, Fulde, Gênes.** Testons et thaler. 6 p.

693. **Hambourg, Hameln, Hanau, Hesse.** Thaler, 1/2 thaler gros. 7 p.

694. **Kempten, Kœnigstein.** Thaler et divisions. 3 p.

695. **Hollande** (Pays-Bas). — **Charles-Quint.** 3 p. d'or, 1 écu.

696. **Hollande. — Philippe II.** 1 p. d'or, écus et divisions. 15 p.

697. **Hollande. — Albert et Élisabeth.** 1 grande p. d'or, écu et divisions. 5 p.

698. **Hollande. — Albert et Élisabeth.** Écu et divisions. 7 p.

699. **Hollande. — Philippe IV.** Grande p. d'or, écu, 1/2 et divisions. 7 p.

700. **Hollande. — Philippe V, Joseph II, Marie-Thérèse.** 3 thalers.

701. **Hollande, Dordrecht, Overyssel.** Écus. 4 p.

702. **Hollande.** Lot à peu près semblable. Thaler, 1/2, divisions. 6 p.

703. **Liége, Landau, Lucques, Lubeck**. Écus et division. 4 p.

704. **Lunebourg-Brunswick. — Anonyme, Rodolphe, Frédéric.** Thaler, 1/2, 1/4. 8 p.

705. **Lunebourg-Brunswick. — Hugo-Philippe, Jules, Henri-Jules.** 9 thaler.

706. **Lunebourg-Brunswick. — Auguste, Christian.** 10 thaler.

707. **Mansfeld. — David, Maximilien-Henri, Jean-Georges, Guillaume.** 5 thaler.

708. **Munster**, évêché (obsidionale), **Magdebourg, Mecklembourg.** 2 thaler, 2 billons.

709. **Milan. — Azo, Galeas, Philippe II, Charles VI.** Testons et divisions. 10 p.

710. **Mantoue. — Guillaume.** Testons, divisions. 4 p.

711. **Modène. — Hercule II.** 1 p. d'or. — **Monaco. — Honoré II.** 1 écu.

712. **Malte. — Emmanuel de Rohan, Ferdinand Hompesch.** 2 écus.

713. **Nuremberg. — Ferdinand II.** 1 thaler et 1 billon. — **Naples. — Ferdinand IV et Caroline.** Écu et division. 5 p.

714. **Ost-Frise. — Ferdinand.** 2 écus, 1 billon.

715. **Parme. — Ferdinand, Charles Ier. — Portugal. — Sébastien, Emmanuel, Alfonse VI, Jean V.** 8 p.

716. **Pologne. — Sigismond III.** Argent et billon. 15 p.

717. **Pologne. — Sigismond Auguste, Wladislas, Stanislas-Auguste.** 1 ducat, 2 thaler, 1 billon.

718. **Ratisbonne. — François, Joseph II.** Thaler, 1/2. 4 p.

719. **Rome. — Paul II, Grégoire XIII, Alexandre VIII, Clément X.** Écus et divisions. 8 p.

720. **Rome. — Clément XI, Clément XIII, Innocent XI.** Écus et divisions. 9 p.

721. **Rome. — Benoît XIV, Pie VI.** Siége vacant 1676. Écu et divisions. 3 p.

722. **Russie. — Pierre le Grand, Catherine.** 7 écus.

723. **Saxe. — Maurice, Jean-Philippe, Auguste.** 8 thaler.

724. **Saxe. — Jean, Frédéric.** Écu à quatre têtes. 7 thaler et 1 billon.

725. **Saxe. — Jean, Georges, Henri.** 7 thaler.

726. **Saxe. — Christian.** P. d'or, thaler, 1/4 thaler. 4 p.

727. **Saxe. — Jean-Georges** et **Auguste-Christian.** 5 thaler.

728. **Saxe. — Frédéric-Ernest, Frédéric-Auguste.** Thaler, 1/4. 6 p.

729. **Saxe. — Frédéric-Guillaume.** Thaler, 1/2. 6 p.

730. **Saxe. — Jean-Georges.** Thaler, 1/2 thaler. 8 p.

731. **Saxe. — Jean-Georges, Frédéric-Auguste.** Thaler, 1/2 thaler.

732. **Savoie. — Louis, Philibert, Charles-Emmanuel.** Petites pièces d'argent de différents modules. 21 p.

733. **Salzbourg. — Paris, Guido Baldus, François, Antoine.** Thaler et une pièce de billon. 4 p.

734. **Suède. — Gustave, Jean III, Gustave-Adolphe.** Double écu, écu, 1/2 écu. 4 p.

735. **Suède. — Christine, Charles XI, Gustave III.** Écu, 1/4 écu. 5 p.

736. **Suisse, République helvétique, Bale.** Double écu, écu, 1/4 écu. 8 p.

737. **Suisse, Berne.** Double écu, écu, 1/4 écu et billon. 10 p.

738. **Suisse, Coire, Genève, Lucerne.** Écus et billon. 6 p.

739. **Suisse, Saint-Galle, Schaffouse, Soleure.** Écu, 1/2 écu, billon. 6 p.

740. **Suisse, Tesin.** Écus, 1/2 écu. 5 p.

741. **Suisse, Uri.** 1 p. d'or.

742. **Suisse, Zurich.** Écus. 5 p.

743. **Toscane. — Cosme III.** Ordre teutonique Maximilien. Écu 1/2 et 1/4. 3 p.

744. **Transylvanie. — Sigismond Bathori, Gabriel Bethlem.** 2 écus.

745. **Venise. — André Gritti.** Or 1, argent 2.

746. **Venise. — Louis Moncenigo, Silvio Valerio.** Écu, 1/2, 1/4. 4 p.

747. **Venise. — Louis Manin, République 1792.** Écu, 1/4 écu. 5 p.

748. **Wurtemberg. — Charles-Alexandre, Werden, Charles-Quint.** Écu, 1/2 écu, 1/4. 3 p.

749. **Ziriscée.** Pièce de siége, 1576. 3 écus.

750. **Brisach, Maestricht, Strasbourg.** Pièces de siége. 3 écus.

JETONS EN BRONZE.

751. **François Ier.** CAMERA COMPUTORUM. — IN CONSILIO JUSTORUM. — MAGNA OPERA DOMINI. 4 p.

752. **Henri II.** Chambre des comptes, différentes années, — Cour des monnaies. NIL NISI CONSILIO, etc. 11 p.

753. **Catherine de Médicis, Charles IX.** Chambre des comptes. CURIA MONET, VICTORIA GALLIÆ, PIETATE ET JUSTITIA. 9 p.

754. **Henri III.** Chambre des comptes, Cour des monnaies. 24 p.

755. **Henri III.** Chambre des comptes, gectoir pour le bureau des finances. MANET ULTIMA COELO. Divers. Louis de Lorraine. 15 p.

756. **Marie de Médicis, Henri IV.** Chambre des comptes. 12 p.

757. **Henri IV.** 12 p. variées.

758. **Henri IV.** 12 p. variées.

759. **Anne d'Autriche.** 5 jetons variés.

760. **Louis XIII.** 20 jetons.

761. **Louis XIII.** 20 jetons.

762. **Louis XIII.** 20 jetons.

763. **Louis XIII.** 14 jetons.

764. **Louis XIV.** 40 p.

765. **Louis XIV.** 40 p.

766. **Louis XIV.** 36 p.

767. **Marie-Thérèse.** 7 p. Marie Leczinska. 1 p.

768. **Louis XV.** 18 p.

769. **Louis XIV.** 2 p. Marie-Antoinette. 1 p.

770. **Prévôts des marchands.** Martin Langlois, 1595; Nicolas Bailleul, 1626 et 1628; Moreau, lieutenant civil, 1636; Christophe Sanguin, 1630 et 1631; Oudart Leféron, 1641; Jérôme Leféron, 1647; Antoine Lefèvre, 1654; Voysin, maître des requêtes, 1664; le président Pelletier, 1672; Auguste Robert de Pommereu, 1681; le président de Fourcy, 1685; de Fourcy, 1688; Achille de Harlay, receveur des pauvres, 1672. 16 p.

771. **Louis, Charles de Bourbon,** comte d'Eu, Louis de Bourbon, comte de Penthièvre; Louis Auguste de Bourbon, duc du Maine; Louis Alexandre de Bourbon, comte de Toulouse; Louis, duc de Vendosme. 5 p.

772. **Charles Ier, Angleterre**, Guillaume et Marie, Anne, jetons des merciers, jetons des messagers de l'Université, Villemontée, maître des requêtes, 1632; Hesselin, maître de la Chambre, 1630. 9 p.

773. **Jacob Roeland**, 1589; jetons de divers marchands, lycée des arts, Jean-Pierre Blanchard, STAT MUTUIS VIRIBUS, OMNE FERENS MALUM, franc-maçonnerie, 5760; Thévenot l'aîné à la bonne foi, 1720, etc.

774. **Les États de Bourgogne.** 19 p.

775. **Beaune,** Ant. Philippe de Chalmoux, anonyme, armoiries. 3 p.

776. **Maires de Dijon.** — Jean Jacquinot, 1600; Pierre Fourneret, 1618; Lecompasseur, 1621; E. Humbert, 1627; Jacques de Prasant, 1627; Réné Perret, 1641; C. Bossuet, 1647; M. Ant. Millotot, 1650; Jac. Soirot, 1654; Jean de Frascius, 1662; Phil. Jannon, Fr. Baudot, 1700; Baudinet, 1722; Baudinet, 1727; Ph. Baudot, 1730; Barteur, 1745; Guillaume Raviot, 1775.

777. **Amiens,** Angers, Besançon. 8 p.

778. **Blois,** Bretagne, Chartres. 9 p.

779. **Lille,** Lorraine. 9 p.

780. **Lyon,** Mantes, Nantes. 5 p.

781. **Normandie,** Rouen, Bappeaume. 6 p.

782. **Orléans.** 9 p.

783. **Sens,** Toulouse, Tours. 5 p.

784. **Catherine de Médicis**; Catherine, comtesse de Beaufort; Louis, cardinal de Guise, archevêque de Reims. 5 p.

785. **Charles, cardinal de Bourbon**; Ch. de Bourbon, comte de Soissons; Charles, cardinal de Vendosme. 3 p.

786. **François d'Alençon**; Alexandre, duc d'Orléans; Henri, duc d'Anjou, comte de Forest. 3 p.

787. **Louis de Gonzague et Henriette de Clèves**, duc et duchesse de Nevers. 6 p.

788. **Armand, cardinal de Richelieu.** 7 p. Charles de Richelieu, évêque de Lyon. 1 p.

789. **Famille de Croy**, 1562, 1586, 1592. 4 p.

790. **Famille Félibien des Avaux**, 1695, 1697, 1700, 1710, 1714. 6 p.

791. **Marquis d'Effiat**, 1629 et 1630; Estienne d'Aligre, 1624 Philibert de La Guiche, 1579; Tristan, marquis de Rostaing, 1651; R. Ch., marquis de Rostaing, son fils, 1642. 5 p.

792. **Gilbert-Charles Legendre,** marquis de Saint-Aubin-sur-Loire; P. de Rozevignan, marquis de Chambois, gouverneur de Caen; René Voyer d'Argenson, 1713; C.-A. Cardinal de La Roche-Aymon, archevêque de Reims, 1771; Jérôme Bignon (coin moderne). Marquis de La Fayette. 6 p.

793. **Wast de Varoquier**. R. Louis de Varoquier, Fr. de Varoquier, R. Marie Philippe de Billy, Charles de L'Aubespine, Seguier, 1662; J. Phélipeaux, S. de Villesavin, Fouquet de Castille, son épouse, 1659; Philippe de Courcillon de Danjeau, 1701; le duc d'Antin, 1711; maréchal de Tesse, grand d'Espagne, 1715. 9 p.

794. **François d'Estaing,** évêque de Rhodez; Clément, évêque de Cologne; Joseph Alfonse de Valbelle, évêque de Saint-Omer; J.-B. Massillon, évêque de Clermont, 1719; Georges-Louis Phélipeaux, archevêque de Bourges. 7 p.

795. **Présidents de l'École de Médecine.** — Ph. Hecquet, 1713, 1714; J.-B. Chomel, 1756; Jos.-Phil. Interval, 1781; F.-D.-Cl. Bourru, 1786, 1787. 5 p.

796. **Mereaux d'Église.**—Saint-Nicolas, 1553; Confrérie de Notre-Dame à Saint-Étienne-des-Grès, 1559; Obit-Solenel, 1585; je suis à l'œuvre Saint-Opportune, 1621; trois-manuel, 1634; VS le roi debout, 1641; xoi D, Saint-Gervais, 1650. 7 p.

797. **Des Chanoines,** 1647; Saint-Maurice, 1656; Sainte-Geneviève, 1702. 3 p.

798. **Jetons des Pays-Bas.** 50 p.

799. **Jetons des Pays-Bas.** 56 p.

800. **Belges.** — Charles VI, Marie-Élisabeth, Élisabeth, Magnus rex Carolus, Charles-Alexandre de Lorraine, Élisa-Caroline d'Orléans, Ulric-Éléonore, Marchio Beretti, Cambray, 1723. 15 p.

JETONS EN ARGENT.

801. **Henri III,** 1586; Louis XIII, 1613, 1620, 1630. 4 p.

802. **Cardinal de Richelieu,** 1642; Gaston, frère unique du roi 1637, 1646, 1647. 4 p.

803. **Louis XIV,** son sacre, 1654, 1684, 1703, 1708. 5 p.

804. **Louis XIV,** 1709, 1710, 1713.

805. **Adelaïde, duchesse de Bourgogne,** 1700, 1702. 2 p.

806. **Comte de Toulouse,** 1710; duc d'Orléans, régent, 1716; *id.* au revers de Louis XV, enfant. 4 p.

807. **Le Chevalier d'Orléans,** général des galères, 1718; Louis XV, 1716, 1717, 1718; sacre, 1751, 1756, 1786. 13 p.

808. **Louis XVI,** 1756, 1786; armoiries de Chartres. 3 p.

809. **De Bretagne,** pour la ville de Nantes, 1627; de Nicolas de Bailleul, 1626; Fleuriot d'Armenouville, 1703. 3 p.

810. **De la prévôté de Nicolas Lambert,** René de Voyer d'Argenson. 2 p.

811. **Écusson de France,** d'Angleterre et des États-Unis, 1609; Charles et Marie d'Angleterre, François de Lorraine et Marie-Thérèse, 1609. 3 p.

812. **Charles, sire de Croy**; Chrétien Ernest, margrave de Brandebourg. 2 p.

---

813. Sous ce numéro, on vendra une grande quantité de médailles et de monnaies non cataloguées.

PARIS. — IMPRIMERIE DE J. CLAYE, RUE SAINT-BENOIT, 7.

www.ingramcontent.com/pod-product-compliance
Ingram Content Group UK Ltd.
Pitfield, Milton Keynes, MK11 3LW, UK
UKHW020448180726
13839UKWH00004B/1710